Faezeh Kaedi

Ensino da anatomia vegetal e animal

Faezeh Kaedi

Ensino da anatomia vegetal e animal

(Guia prático para o ensino da biologia no liceu)

ScienciaScripts

Imprint
Any brand names and product names mentioned in this book are subject to trademark, brand or patent protection and are trademarks or registered trademarks of their respective holders. The use of brand names, product names, common names, trade names, product descriptions etc. even without a particular marking in this work is in no way to be construed to mean that such names may be regarded as unrestricted in respect of trademark and brand protection legislation and could thus be used by anyone.

Cover image: www.ingimage.com

This book is a translation from the original published under ISBN 978-620-6-77445-7.

Publisher:
Sciencia Scripts
is a trademark of
Dodo Books Indian Ocean Ltd. and OmniScriptum S.R.L publishing group

120 High Road, East Finchley, London, N2 9ED, United Kingdom
Str. Armeneasca 28/1, office 1, Chisinau MD-2012, Republic of Moldova, Europe
Printed at: see last page
ISBN: 978-620-8-27308-8

Ensino da anatomia vegetal e animal (Guia prático para o ensino da biologia no ensino secundário)

Por

Faezeh Kaedi

Secretário de Biologia, Departamento de Educação (Área 4), Teerão, Irão

Faezeh Kaedi

Secretário de Biologia, Departamento de Educação (Área 4), Teerão, Irão

Dedicado aos Anjos Misericordiosos que:

O senhor dos mundos, que começou a guiar os seus servos com o ensinamento da pena.

Os meus pais, cuja presença é para mim uma coroa de honra e cujo nome é a razão da minha existência, porque estas duas existências, depois do Senhor, foram a fonte da minha existência, pegaram na minha mão e ensinaram-me a caminhar neste vale cheio de altos e baixos.

Índice

Capítulo 1: Conceitos básicos de biologia

Introdução

Desde há muito que os seres humanos se interessam por descobrir a natureza circundante e as suas criaturas, e a curiosidade humana em conhecer a vida levou ao nascimento da ciência da biologia. A biologia refere-se ao conhecimento e ao estudo de todos os organismos vivos.

Esta ciência dinâmica trata da origem dos seres vivos, do seu crescimento e desenvolvimento e da interação dos seres vivos com outros seres vivos e com o ambiente que os rodeia. Ao longo da história, muitos cientistas dedicaram as suas vidas a compreender melhor o funcionamento dos organismos vivos e a forma como estes se relacionam entre si e com o ambiente. A biologia é o estudo de todos os seres vivos, incluindo este inseto e a planta onde se encontra.

Como o nome sugere, a biologia ocupa-se do estudo dos organismos vivos ou dos organismos que já foram vivos. A palavra biologia deriva de duas palavras gregas "bios" (que significa vida) e "logos" (que significa estudo). Em geral, os biólogos estudam a estrutura, a função, o crescimento, a origem, a evolução e a distribuição dos organismos vivos. De acordo com o livro Science Management, que respondeu à pergunta sobre o que é a biologia num único tópico, a biologia moderna baseia-se em quatro princípios:

1- Teoria celular: É o princípio de que todos os organismos vivos são constituídos por unidades básicas chamadas células e que todas as células provêm de células pré-existentes.

2- Teoria dos genes: Este é o princípio de que todos os organismos vivos têm ADN. Moléculas que codificam a estrutura e a função das células e que são transmitidas aos descendentes.

3- Homeostasia: Este é o princípio de que todos os organismos vivos mantêm um estado de equilíbrio que lhes permite sobreviver no seu ambiente.

4- Evolução: É o princípio que explica como todos os seres vivos podem mudar e ter caraterísticas que lhes permitem sobreviver melhor no seu ambiente. Estas caraterísticas resultam de mutações aleatórias nos genes do organismo que são selecionadas através de um processo chamado seleção natural. Durante a seleção natural, os organismos com caraterísticas mais adequadas ao seu ambiente têm uma taxa de sobrevivência mais elevada e transmitem essas caraterísticas aos seus descendentes.

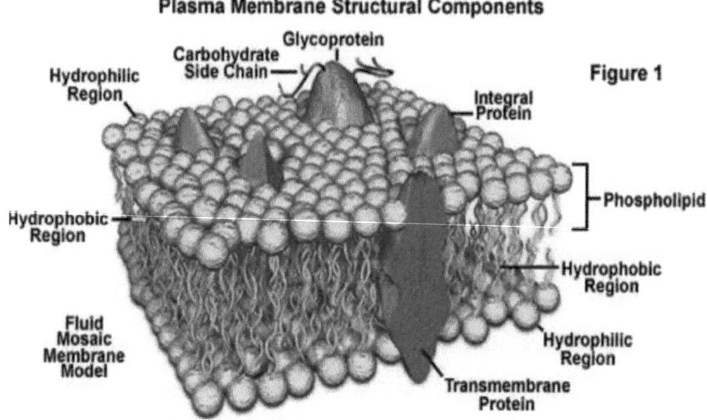

Figura 1. Quais são os conceitos mais interessantes da biologia?

História da biologia

A história da biologia acompanha o estudo do mundo vivo desde os tempos antigos até aos tempos modernos. Embora o conceito de biologia como disciplina única e coerente tenha surgido no século XIX, as ciências biológicas emergiram das tradições tradicionais da medicina e da história natural que remontam à Ayurveda, à medicina egípcia antiga e às obras de Aristóteles e Galeno no antigo mundo greco-romano. Este trabalho antigo foi desenvolvido na Idade Média por médicos e académicos muçulmanos, como Avicena. Durante o Renascimento europeu e o início do período moderno, o pensamento biológico na Europa foi transformado por um interesse renovado no empirismo e pela descoberta de muitos organismos novos.

Vesalius (Vesalius) e Harvey (Harvey), que estudaram a fisiologia através de experiências e observações cuidadosas. Além disso, naturalistas como Linnaeus e Buffon, que começaram a classificar a diversidade da vida e o registo fóssil, bem como o crescimento e o comportamento dos organismos, foram proeminentes neste movimento.

Utilizando um microscópio, Antonie van Leeuwenhoek revelou o mundo até então desconhecido dos microrganismos e lançou as bases para a teoria celular. A importância crescente da teologia natural, em parte uma reação à ascensão da filosofia da máquina, alimentou o crescimento das ciências naturais. Durante os séculos XVIII e XIX, as ciências da vida, como a botânica e a zoologia, tornaram-se disciplinas científicas cada vez mais profissionais. Lavoisier e outros físicos começaram a ligar os mundos animado e inanimado através da física e da química.

Os naturalistas exploradores, como Alexander von Humboldt, estudaram a interação entre os organismos e o seu ambiente. Os naturalistas começaram a rejeitar o essencialismo e a considerar a importância da extinção e da variabilidade das espécies. Por outro lado, a teoria celular proporcionou uma nova perspetiva sobre os fundamentos básicos da vida. Estes desenvolvimentos, bem como os resultados da embriologia e da paleontologia, foram incorporados na teoria da evolução por seleção natural de Charles Darwin. No final do século XIX, assistiu-se à queda da teoria da geração espontânea e à ascensão da teoria dos germes das doenças, embora o mecanismo da hereditariedade permanecesse, nessa altura, um mistério. No início do século XX, a redescoberta de Gregor Mendel levou ao rápido desenvolvimento da genética por Thomas Hunt Morgan e seus alunos e, na década de 1930, a genética das populações e a seleção natural foram combinadas numa síntese neodarwinista, tendo surgido novas disciplinas. Estas desenvolveram-se rapidamente, especialmente depois de James

Watson e Francis Crick terem proposto a estrutura do ADN.

Após o estabelecimento do Dogma Central e a quebra do código genético, a biologia dividiu-se principalmente entre a biologia do organismo, áreas que lidam com organismos inteiros e grupos de organismos, e áreas relacionadas com a biologia celular e molecular. No final do século XX, novos campos como a genómica e a proteómica inverteram esta tendência, e os biólogos de organismos vivos utilizaram técnicas moleculares, e os biólogos moleculares e celulares investigaram a interação entre os genes e o ambiente, bem como a genética das populações naturais de organismos.

Quais são as tendências no domínio da biologia?

A ciência da biologia é muito vasta e diversificada e pode ser estudada sob diferentes aspectos. As principais tendências no domínio da biologia são classificadas da seguinte forma:

- ❖ Biologia geral:
- ❖ Biologia animal:
- ❖ Biologia vegetal:
- ❖ Biologia celular e molecular:
- ❖ Biologia marinha:

1- Biologia de orientação geral: os alunos desta orientação estudam cursos de biologia relacionados com a biologia animal, vegetal, molecular, parasitologia, etc., a nível de licenciatura. Neste curso, aprenderão vários conceitos de biologia. Na continuação dos seus estudos, os estudantes podem também estudar noutras áreas.

2- Biologia das Ciências Animais: Nesta especialização, as ciências animais são tratadas de forma mais específica e são oferecidos cursos relacionados com a fisiologia animal, a classificação sistemática dos animais e o ecossistema animal. Naturalmente, os cursos gerais de outros ramos da biologia, como a fisiologia vegetal e as células moleculares, também são ministrados aos estudantes desta área. Ao prosseguir os estudos de pós-graduação, os estudantes desta direção podem estudar mais especificamente no sentido da evolução animal, da sistemática animal ou da fisiologia animal.

3- Biologia das ciências vegetais: A biologia vegetal é também especificamente oferecida nas ciências relacionadas com as plantas, como a fisiologia e a sistemática vegetal, a ecologia vegetal, e é possível estudar a nível de pós-graduação em sistemática vegetal, fisiologia vegetal e biologia do desenvolvimento vegetal.

4- Tendência da ciência celular molecular biologia: Na tendência celular-molecular, o foco principal é a estrutura da célula e das moléculas biológicas, como o ARN, o ADN e as proteínas, e a forma de fabricar proteínas e de as replicar, etc. A tendência celular-molecular é muito ampla e divide-se em várias tendências:

- ❖ Ciência celular molecular.
- ❖ Genética.
- ❖ Microbiologia.
- ❖ Bioquímica
- ❖ Biotecnologia microbiana.

5- Biologia marinha: A biologia marinha é mais recente do que outras tendências da biologia e estuda os animais aquáticos e o seu ambiente de vida e a forma como se alimentam e interagem entre si em diferentes tendências. As tendências da biologia marinha incluem as seguintes:

- ❖ Animais marinhos

❖ Plantas marinhas.

❖ Poluição marinha.

Definição de plantas sob a forma de um conceito

As plantas são uma das maiores espécies vivas do planeta, que incluem diferentes tipos de árvores, gramíneas, cactos, etc. São também amplamente utilizadas na vida humana em termos de nutrição, produção de medicamentos à base de plantas e produção de vários materiais na indústria.

As plantas e as suas caraterísticas

Devido à grande variedade de plantas, estas foram classificadas pelos botânicos, e cada categoria tem as suas próprias caraterísticas. De acordo com estas interpretações, é difícil encontrar uma definição única para as plantas de trabalho. Uma das definições consideradas para as plantas é a seguinte: Uma planta é um organismo eucariótico com um grande número de células e sem órgãos sensoriais e movimento voluntário.

Nesta definição, quando a planta está completamente crescida, tem raízes, caules e folhas, o que só as plantas vasculares têm estas caraterísticas. Outra definição mais abrangente é: Chama-se planta a tudo o que produz o seu alimento a partir de matérias-primas inorgânicas e luz, ou seja, o chamado fotoautotrófico. Há um problema com esta definição. Porque os procariontes (pronucleares), especialmente as bactérias fotoautotróficas e as oceanófitas (algas verde-azuladas) estão entre os fotoautotróficos. De acordo com a nova definição apresentada, as algas castanhas, as algas vermelhas, os fungos, as algas castanhas e os procariontes como as archaea e as bactérias não são plantas, mas é de notar que nem todas as plantas são verdes e não realizam fotossíntese, mas vivem parasitariamente noutras plantas.

Na classificação científica, as plantas pertencem ao domínio dos eucariotas e à família das plantas. A maior parte da energia necessária às plantas verdes é obtida através da realização da fotossíntese nos cloroplastos, que possuem clorofila A e B. As plantas verdes produzem uma parte importante do oxigénio molecular atmosférico. Estas plantas têm reprodução sexuada e assexuada. Até à data, o número de espécies de plantas foi estimado em cerca de 350.000 espécies, a maioria das quais são nativas e produzem sementes durante o seu ciclo de vida.

Diferentes partes da planta

1- Raízes: As raízes absorvem a água e os minerais do solo e transportam-nos para diferentes partes da planta. As partes da raiz que se parecem com pequenos pêlos ajudam na absorção. Além disso, as raízes são responsáveis por armazenar alimentos extra e manter a planta estável.

2- Caules: Os caules, tal como um sistema de canalização, encaminham a água e os nutrientes das raízes para outras partes da planta e fornecem alimentos sob a forma de glicose das folhas para outras partes. Os caules podem ser macios e quebradiços ou lenhosos.

3- As folhas: As folhas são responsáveis pela produção dos alimentos necessários às diferentes partes da planta. Captam a luz solar e produzem alimentos através de um processo chamado fotossíntese.

4- Flores: Na maioria das plantas, as flores são responsáveis pela reprodução, que inclui o pólen e os óvulos. Após a polinização da flor, o óvulo é fertilizado e o fruto é formado no seu interior.

5- Fruto: O fruto é uma cobertura carnuda ou dura que protege a semente ou o óvulo. Como as maçãs e as avelãs, em que a flor se transforma após a polinização.

6- Sementes ou ovos: a nova planta está dentro do ovo e os ovos são criados no fruto. Os legumes são as outras partes da planta. Por exemplo, os espargos são o caule, a cenoura é a raiz e a alface é a folha.

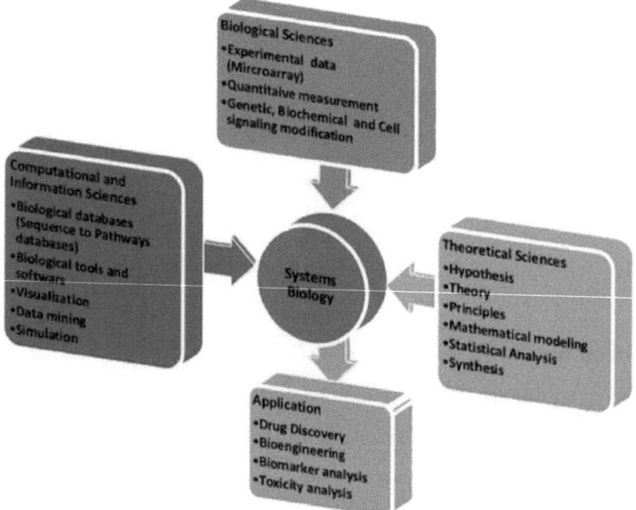

Figura 2. Uma visão geral do conceito básico de biologia de sistemas

Classificação das plantas

Existem cinco sistemas de classificação das plantas:

- ❖ Classificação das plantas com base nas sementes:
- ❖ Classificação das plantas com base na estrutura dos tecidos:
- ❖ Classificação das plantas com base no ciclo de vida:
- ❖ Classificação das plantas com base no tamanho da planta:
- ❖ Classificação das plantas com base no habitat em que a planta vive:

1- Classificação das plantas com base nas sementes: as sementes constituem a base de uma planta. Porque o seu crescimento depende principalmente do tipo de semente. Algumas sementes podem ser utilizadas como alimento para outros organismos, enquanto que a função principal de outras é dar origem a uma nova planta. Com base nas sementes de uma planta, estas podem ser divididas em dois tipos.

A) Monocotiledóneas: As monocotiledóneas têm um único cotilédone, como o próprio nome indica. Exemplos deste tipo de plantas são: o arroz, as orquídeas, o bambu, etc.

B) Dicotiledóneas: Este tipo de plantas tem dois cotilédones nas suas sementes, que podem ser divididos em duas partes iguais. Exemplos de dicotiledóneas são o cajueiro, o carvalho, etc.

2- Classificação das plantas de acordo com a estrutura dos tecidos: as plantas são classificadas em duas categorias vasculares e não vasculares com base na estrutura dos tecidos:

A) Plantas vasculares: As plantas vasculares são plantas de cor verde e têm tecidos especializados no transporte de alimentos, água e minerais para todas as partes da planta. Estes tecidos especiais são conhecidos como xilema e vascular. Estas plantas podem ser mais compridas. As plantas vasculares crescem em desertos, campos e outros locais. As folhas das plantas vasculares têm formas específicas e desempenham um papel importante no processo de fotossíntese. Os estomas contribuem para a troca de gases. O caule das plantas vasculares tem várias camadas e desempenha um papel importante no transporte de alimentos e água.

B) Plantas não vasculares: As plantas não vasculares são plantas que não têm uma altura elevada. São baixas em altura e não têm o sistema de transporte necessário para transportar alimentos, água e minerais para outras partes da planta. Este tipo de planta não produz frutos, madeira ou flores. As plantas não vasculares crescem em locais pantanosos, sombrios e húmidos. Não existem vasos nas plantas não vasculares. As folhas estão ausentes nas plantas não vasculares. Por conseguinte, não têm uma função especial. As plantas não vasculares não têm caules verdadeiros.

3- Tipos de plantas com base no ciclo de vida: As plantas podem ser classificadas com base em padrões de crescimento sazonais, que incluem:

A) Anual (de um ano): É uma planta cujo ciclo de vida se completa num ano e depois morre, como as ervilhas.

B) Planta bienal: o ciclo de vida deste tipo de planta dura dois anos. No primeiro ano, a raiz, o caule e as folhas crescem e adormecem depois de entrarem nos meses frios. Durante a primavera e o verão, os seus caules bienais formam-se e depois florescem. Estas plantas são semelhantes a arbustos e têm caules curtos, como a salsa.

C) Planta perene: estas plantas vivem mais de dois anos e dividem-se em duas categorias de plantas vasculares (não lenhosas) e lenhosas. Uma planta lenhosa pode ser uma árvore, com vários troncos e ramos que crescem acima do solo, ou um arbusto sem tronco, com ramos próximos do solo. As plantas são classificadas em três categorias com base na sua utilização: plantas alimentares, plantas medicinais e especiarias.

4- Tipos de plantas com base no tamanho: Uma das categorias importantes, as plantas também podem ser distinguidas em termos de tamanho. De pequeno, médio a grande, o crescimento de uma planta é limitado pelo seu tamanho. Veja os diferentes tipos de acordo com a categoria de tamanho.

A) Arbustos: Os arbustos são considerados as plantas mais pequenas em termos de tamanho. A sua altura não ultrapassa um ou vários centímetros e são constituídos por caules macios. Geralmente, têm menos ramos ou não têm ramos. Estas plantas são ricas em vitaminas e minerais e constituem uma parte essencial de uma dieta nutritiva. Alguns dos principais exemplos destas plantas são: o tomate, o gengibre, o arroz, etc.

B) Arbustos: Não são muito grandes em tamanho, mas são maiores do que os arbustos. Têm cerca de um metro e caules duros.

C) Árvores: Como todos sabemos, as árvores são as maiores plantas e têm caules muito duros, conhecidos como troncos. O tronco da árvore tem ramos que dão folhas e frutos. Podem ser muito altas, na maioria das vezes com mais de um metro. Exemplos de árvores são a manga, a banana, etc.

D) Planta rasteira: As plantas que rastejam no solo, com caules muito frágeis, finos e compridos, chamam-se rasteiras. Estes répteis não conseguem manter-se de pé, nem suportar o seu próprio peso. Algumas das principais plantas rasteiras são os morangos, as batatas doces, as melancias, etc.

E) Trepadeira: semelhante às trepadeiras, não consegue manter-se em pé devido aos caules finos, longos e fracos, mas cresce verticalmente através de suportes externos e pode suportar o seu próprio peso, como um feijoeiro.

5- Classificação das plantas em função do habitat: De acordo com o habitat, as plantas são classificadas em três categorias:

A) Plantas terrestres: Estas plantas crescem no solo e a maior parte delas tem um orifício na extremidade da folha, para que o oxigénio de que a planta necessita possa ser fornecido desta forma. Têm também raízes longas devido à necessidade de água.

B) Plantas aéreas: Estes tipos de plantas crescem acima do solo e estão ligadas a outras plantas através das suas raízes. As plantas aéreas encontram-se sobretudo nas florestas tropicais. Estas plantas dependem umas das outras para crescerem ao máximo e sobreviverem à luz solar.

C) Plantas aquáticas: Entre as plantas aquáticas, podemos citar o jacinto e o nenúfar. Estas plantas vivem na água ou debaixo de água. Têm raízes curtas e ramificadas para se manterem à tona da água ou debaixo de água. Retiram o dióxido de carbono da água e produzem oxigénio.

Caraterísticas das plantas

- ❖ As plantas são organismos multicelulares que se distinguem de outros organismos vivos por uma série de caraterísticas:

- ❖ Cozinham os seus próprios alimentos. As plantas realizam a fotossíntese e contêm um pigmento verde chamado clorofila, que permite às plantas converter a energia do sol em alimento. As plantas armazenam os seus alimentos sob a forma de amido.

❖ A maioria das plantas tem raízes num só lugar. Além disso, algumas plantas podem direcionar as folhas para o sol e outras respondem ao toque.

❖ As plantas não têm a capacidade de se mover e não possuem órgãos de movimento.

❖ As paredes das células vegetais são rígidas. Porque são feitas de celulose. O ciclo de vida das plantas é constituído por uma geração de esporófitos e uma geração de gametófitos. Estas duas gerações alternam-se, cada uma das quais provoca o aparecimento de outra, o que se designa por mudança de gerações.

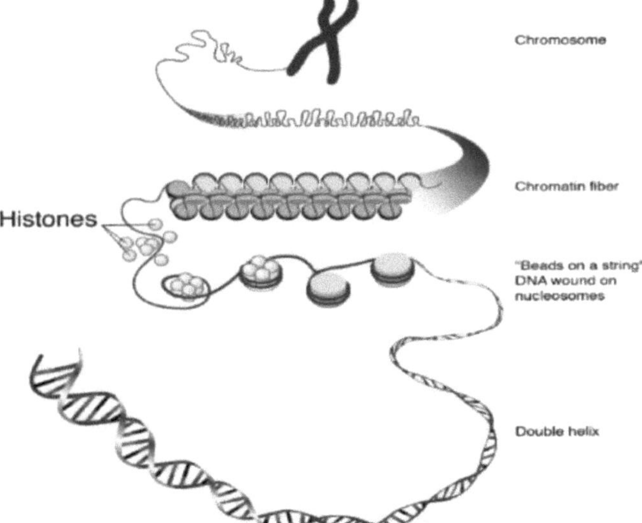

Figura 3. Conceitos básicos de biologia molecular

Os benefícios das plantas

As plantas são consideradas os seres vivos mais generosos e não podemos negar o facto de que a vida na Terra é possível sem plantas e árvores à nossa volta. Isto porque produzem oxigénio. Também produzem alimentos para os seres humanos e os animais. No entanto, a importância das plantas não se fica por aqui. São também responsáveis pela absorção do dióxido de carbono do ar e pela libertação de ar fresco para nós respirarmos.

Apoiam o ciclo do azoto, desempenham um papel importante no ciclo da água e são a principal fonte de alimento, pelo que a sua existência desempenha um papel essencial na manutenção da sobrevivência de outros organismos vivos.

A origem e a evolução das plantas

A origem do esporófito das plantas terrestres é uma das etapas básicas da evolução das plantas. Apesar da importância desta questão, ela tem sido tratada em pequena quantidade em livros didácticos e fontes botânicas. Foram propostas duas teorias diferentes para a origem da alternância de gerações nas plantas terrestres:

- ❖ Teoria antitética:
- ❖ Teoria homóloga:

Embora, de acordo com as provas relacionadas com os possíveis antepassados das plantas terrestres, a primeira teoria pareça mais lógica, esta questão ainda não foi totalmente esclarecida. Outra questão filogenética importante é a evolução das briófitas a partir das algas e a transição destas primeiras plantas terrestres para as pteridófitas. As plantas terrestres (embriões) estão intimamente relacionadas com as algas Carophyce.

As Carophyceae são um pequeno grupo de algas verdes de água doce, entre as quais um grupo constituído por Coleochaetales e Charales é o grupo irmão das plantas terrestres. A origem algal (Charophycea) das plantas terrestres foi confirmada com base em várias evidências morfológicas, citológicas, ultra-estruturais, bioquímicas e, sobretudo, moleculares. A evolução das plantas conduziu a um vasto leque de complexidades, desde os primeiros tapetes de algas, algas verdes multicelulares marinhas e de água doce, musgos terrestres, licopodiópsidos e fetos até aos actuais juncos e sedges (plantas com flor).

Embora muitos dos grupos originais continuem a crescer, novos grupos derivados substituíram os que anteriormente eram ecologicamente dominantes, como a vitória das plantas com flores sobre os herbívoros em ambientes de solo.

Colonização de terras

As plantas terrestres evoluíram a partir de um grupo de algas verdes. Talvez já há 850 milhões de anos, mas as plantas semelhantes às algas podem ter evoluído já há mil milhões de anos. Os parentes vivos mais próximos das plantas terrestres são os musgos, especialmente a caraiana.

Partindo do princípio de que o hábito dos Karayan não se alterou muito desde o ramo da dinastia. Isto significa que as plantas terrestres evoluíram a partir de uma alga filamentosa ramificada que vivia em água doce pouco profunda, talvez à beira de lagoas que secavam sazonalmente. No entanto, algumas novas provas sugerem que as plantas terrestres podem ter tido origem em musgos unicelulares terrestres semelhantes à versão atual das Klebsormidiophyceae.

Esta alga tinha um ciclo de vida hialoide. Raramente, quando o óvulo e o espermatozoide se combinam para formar um zigoto, este só tem cromossomas emparelhados durante um curto período de tempo, que imediatamente se divide por meiose, produzindo células com metade do número de cromossomas não emparelhados. A simbiose com fungos pode ter ajudado as plantas primitivas a adaptarem-se ao stress do solo. O Devónico foi o início da extensa colonização da terra por plantas, o que trouxe mudanças climáticas significativas através dos seus efeitos na erosão e sedimentação.

Catálogo da evolução das plantas

As plantas não foram os primeiros fotossintetizadores da Terra. As avaliações meteorológicas mostram que os organismos capazes de fotossíntese viveram pela primeira vez na Terra há cerca de 1 200 milhões de anos e foram encontrados fósseis microbianos em sedimentos de lagos de água doce que datam de há 1 000 milhões de anos, mas as assinaturas de isótopos de carbono mostram que viveram até há cerca de 850 milhões de anos e que eram demasiado pequenos para afetar a composição da atmosfera. Embora filogeneticamente diversos, estes organismos eram provavelmente pequenos e simples, constituindo pouco mais do que um vestígio de algas.

Os vestígios das plantas terrestres mais antigas aparecem muito mais tarde, há cerca de 470 milhões de anos, em rochas do Ordovícico Médio da Arábia Saudita e do Gondwana, sob a forma de esporos com paredes resistentes à decomposição. Estes esporos, conhecidos como criptoesporos, são produzidos isoladamente (mónada), em pares (díada) ou em grupos de quatro (tétrada), e a sua microestrutura é semelhante à dos esporos das hepáticas modernas, o que mostra que têm um grau de organização semelhante. A sua parede é constituída por esporopollenina.

Esporos tripartidos semelhantes a plantas vasculares aparecem em rochas do Ordovícico Superior há cerca de 455 milhões de anos. Dependendo do momento exato em que a tétrade se divide, cada um dos quatro esporos pode ter uma marca em forma de Y de três partes que reflecte os pontos em que cada célula amolece em relação às suas vizinhas. No entanto, isto requer que as paredes dos esporos sejam fortes e resistentes nas fases iniciais.

Esta resistência está intimamente relacionada com o facto de ter uma parede exterior resistente à secagem. Esta caraterística só é utilizada quando os esporos têm de sobreviver fora de água. De facto, mesmo os protozoários que voltaram à água não têm uma parede resistente. Por isso, não têm sinais de três partes. Um exame atento dos esporos de algas revela que nenhum deles tem esporos tripartidos, seja porque as suas paredes não são suficientemente fortes, seja, em casos raros, porque os esporos se dispersam antes de estarem suficientemente comprimidos para produzir este sintoma, ou não cabem dentro de um tetraedro.

Os primeiros superfósseis de plantas terrestres eram organismos filamentosos que viviam nas zonas húmidas dos rios e verificou-se que cobriam a maior parte da planície do início do Siluriano. Só conseguiam sobreviver quando a terra estava inundada. Também existiam tapetes microbianos.

Quando as plantas atingiram o solo, havia duas abordagens para lidar com a seca. Os musgos modernos evitam-na ou sucumbem a ela. Restringem a sua área de distribuição a ambientes húmidos, ou secam e suspendem o seu metabolismo até que chegue mais água, como no género Targionia.

As plantas vasculares resistem à dessecação controlando a taxa de perda de água. Todas elas têm uma cutícula exterior impermeável sempre que estão expostas ao ar, para reduzir a perda de água, mas uma vez que uma cobertura completa as priva do CO_2 na atmosfera. Os ventiladores utilizam entradas variáveis, chamadas estomas, para regular a taxa de trocas gasosas. Além disso, o tecido vascular criou tecido vascular para ajudar o movimento da água dentro do organismo e afastou-se do ciclo de vida dominado pelos gametófitos.

O tecido vascular também acabou por facilitar o crescimento vertical sem o apoio da água e abriu caminho para a evolução de plantas maiores em terra.

Acredita-se que um globo terrestre de neve foi criado há cerca de 720 a 635 milhões de anos, durante o período Criogeniano, pelos primeiros organismos fotossintéticos, que reduziram a concentração de dióxido de carbono e aumentaram a quantidade de oxigénio na atmosfera.

Com base numa avaliação efectuada há várias décadas com relógios moleculares, um estudo de 2022 concluiu que a época estimada para a origem dos embriões multicelulares de líquenes foi no frio Criogeniano, enquanto a divergência posterior dos embriões de líquenes ocorreu no quente Ediacarano. Interpretaram-no como um sinal da pressão selectiva da Idade do Gelo sobre os organismos fotossintéticos. Um grupo deles conseguiu sobreviver no abrigo edáfico relativamente mais quente, que depois cresceu como embriões no Ediacarano e a posterior biogénese em terra. O estudo também teorizou que a morfologia unicelular e outras caraterísticas únicas das algas unidas podem refletir maiores adaptações a uma vida de psilídeo.

Evolução do ciclo de vida

Todas as plantas multicelulares têm um ciclo de vida que consiste em duas gerações ou fases. A fase de gametófito tem um único conjunto de cromossomas e produz gâmetas (esperma e óvulo). A fase de esporófito tem cromossomas emparelhados e produz esporos. As fases de gametófito e esporófito podem ser homomórficas e parecerem idênticas em algumas algas, como a Ulva lactuca, mas são muito diferentes em todas as plantas terrestres modernas, uma condição conhecida como heteromorfia.

O padrão de evolução das plantas tem sido uma mudança do homomorfismo para o heteromorfismo. Os antepassados algais das plantas terrestres eram quase de certeza haplobióticos, sendo haplóides ao longo dos seus ciclos de vida, dando origem a um zigoto unicelular do estádio 2N.

Todas as plantas terrestres são diplobióticas, ou seja, tanto as fases haplóides como as diplóides são multicelulares. Duas tendências são evidentes: as briófitas (hepáticas, musgos e tentáculos) desenvolveram o gametófito como a fase dominante do ciclo de vida, e o esporófito é quase inteiramente dependente dele.

As plantas vasculares desenvolveram o esporófito como fase dominante, enquanto o gametófito é reduzido, especialmente nas plantas com sementes. Foi proposto como base para o surgimento da fase diploide do ciclo de vida como a fase dominante que permite à diploidia mascarar a expressão de mutações deletérias através da complementação genética. Assim, se um dos genomas parentais em células diplóides tem mutações que levam a defeitos num ou mais produtos genéticos, estas deficiências podem ser compensadas pelo outro genoma parental.

Uma vez que a fase diploide estava a tornar-se dominante, o efeito de mascaramento permitiu provavelmente que o tamanho do genoma e, consequentemente, o conteúdo de informação, aumentasse sem a limitação de uma maior precisão de replicação. A oportunidade de aumentar o conteúdo de informação a um baixo custo é benéfica. Porque permite codificar novas adaptações.

Cutícula, estomas e espaços intercelulares

Para a fotossíntese, as plantas devem absorver o CO_2 da atmosfera. No entanto, a disponibilização dos tecidos para a entrada de CO_2 provoca a evaporação da água. Portanto, há um custo. A água perde-se muito mais rapidamente do que o CO_2 é absorvido. Por isso, as plantas têm de a repor. As primeiras plantas terrestres transportavam a água apoplasticamente dentro das paredes porosas das suas células. Desenvolveram então três caraterísticas anatómicas que lhes permitiram controlar a inevitável perda de água que acompanhava a aquisição de CO_2.

Em primeiro lugar, foi desenvolvida uma cobertura exterior impermeável, ou cutícula, que reduziu a perda de água. Em segundo lugar, estomas variáveis, estomas que podem ser abertos e fechados para regular a quantidade de água perdida devido à evaporação durante a absorção de CO_2 e, em terceiro lugar, o espaço intercelular entre as células do parênquima fotossintético que melhora a distribuição interna de CO_2 nos cloroplastos.

Este sistema hemohídrico melhorado de três partes permite regular o conteúdo de água dos tecidos e oferece uma vantagem distinta quando o fornecimento de água não é constante. As elevadas concentrações de CO_2 do Siluriano e do Devónico inicial, quando as plantas colonizaram a terra pela primeira vez, significavam que utilizavam a água com relativa parcimónia.

À medida que o CO_2 foi sendo retirado da atmosfera pelas plantas, perdeu-se mais água na sua absorção e desenvolveram-se mecanismos mais delicados de absorção e transporte de água.

As plantas que crescem no ar precisavam de um sistema para transportar água do solo para todas as diferentes partes da planta acima do solo, especialmente as partes fotossintetizantes. No final do período Carbonífero, quando as concentrações de CO_2 diminuíram para valores próximos dos actuais, perdeu-se cerca de 17 vezes mais água por unidade de absorção de CO_2.

No entanto, mesmo nos primeiros tempos fáceis, a água era sempre uma prioridade e tinha de ser transferida do solo húmido para partes da planta para evitar a secagem. A água pode ser captada por ação capilar ao longo de um tecido com pequenos espaços. Em colunas estreitas de água, como as que existem nas paredes celulares das plantas ou nos traqueídos, quando as moléculas se evaporam de uma extremidade, puxam as moléculas de volta ao longo dos canais. Portanto, a evaporação por si só fornece a força motriz para o transporte de água nas plantas.

No entanto, sem reservatórios de transporte especializados, este mecanismo de adesão por tração pode gerar pressões negativas suficientes para colapsar as células condutoras de água, limitando o transporte de água a mais do que alguns centímetros, limitando assim o tamanho das primeiras plantas.

Capítulo 2: Evolução da morfologia vegetal

Folhas: As folhas são os órgãos fotossintéticos primários de uma nova planta. A origem das folhas resultou quase certamente de uma diminuição da concentração atmosférica de CO_2 durante o período Devoniano, aumentando a eficiência da captação de dióxido de carbono para a fotossíntese. As folhas evoluíram definitivamente mais do que uma vez. Com base na sua estrutura, dividem-se em dois tipos: as microfilas, que não têm ventilação complexa e podem ter origem em saliências espinhosas chamadas ennações, e as megafilas, que são grandes e têm ventilação complexa, que podem surgir de grupos de ramos em mudança. De acordo com a teoria dos telómeros de Walter Zimmerman, os megafilos evoluíram a partir de plantas que apresentam uma arquitetura de ramificação de três terminais através de três transformações.

A faceamento, que se traduz pela posição lateral típica das folhas, a plantação, que implica a formação de uma arquitetura plana, em forma de teia ou em teia. Uma fusão que une ramos planos. Portanto, leva à formação de uma camada foliar própria. Todas as três fases ocorreram várias vezes na evolução das folhas modernas. Acredita-se que a teoria dos telómeros é bem apoiada por provas fósseis. No entanto, Wolfgang Hagemann questionou-a por razões morfológicas e ecológicas e propôs uma teoria alternativa.

De acordo com a teoria dos telómeros, as plantas terrestres mais primitivas têm um sistema de três ramificações posteriores de eixos radialmente simétricos (telomas). Segundo a alternativa de Hagman, sugere-se o contrário. As primeiras plantas terrestres que deram origem às plantas vasculares eram planas e talóides. Sem eixo, semelhantes a folhas, um pouco como o protalo da hepática ou do feto. Eixos como o caule e a raiz evoluíram depois como novos órgãos. Rolf Sattler propôs uma visão global orientada para o processo que deixa um espaço limitado para o telómero e para a teoria alternativa de Hagemann e que, além disso, considera todo o continuum entre estruturas dorsais (planas) e radiais (cilíndricas) encontradas em fósseis e organismos vivos.

Este ponto de vista é apoiado por investigações no domínio da genética molecular. Antes da evolução das folhas, as plantas tinham o aparelho fotossintético nos caules, que mantinham, embora as folhas fizessem a maior parte do trabalho. As actuais folhas megafílicas tornaram-se provavelmente comuns por volta dos 360 mm, cerca de 40 mm depois de as plantas simples sem folhas terem colonizado a terra no Devónico inicial. Esta expansão está relacionada com a diminuição da concentração de dióxido de carbono atmosférico no final do período Paleozoico, associada ao aumento da densidade de estomas na superfície da folha. Isto leva a taxas mais elevadas de transpiração e de trocas gasosas, mas, especialmente em concentrações elevadas de CO_2, as folhas grandes com menos estomas aquecem até temperaturas letais em plena luz solar. O aumento da densidade estomática permite que a folha arrefeça melhor.

Por conseguinte, a sua expansão é possível, mas aumenta a absorção de CO_2 à custa da redução da eficiência do consumo de água.

Os riniófitos de Rhynie chert consistiam em nada mais do que eixos delgados e sem adornos. Os trimorfos do Devónico inicial e médio podem ser considerados foliáceos. Este grupo de plantas vasculares distingue-se pelas massas de esporângios terminais que decoram as extremidades dos eixos que podem ramificar-se ou trifurcar. Alguns organismos, como o Psilophyton, fazem buracos. Estes são pequenos crescimentos espinhosos no caule que não possuem o seu próprio fornecimento vascular. Os zostrófilos já eram muito importantes no Siluriano tardio.

Este grupo pode ser distinguido pelos seus esporângios em forma de rim que crescem em ramos laterais curtos perto dos eixos principais, por vezes ramificando-se numa forma caraterística em H. Muitos zoótrofos tinham espinhos distintos nas suas axilas, mas nenhum deles tinha um efeito vascular.

A primeira evidência de organismos vasculares ocorre num fóssil de musgo chamado Baraguanathia, que já tinha aparecido em fósseis do Siluriano tardio. Neste organismo, estes vestígios foliares continuam na folha para formar a sua nervura central. Uma das teorias, a teoria da Nação, sustenta que as folhas microfílicas dos musgos club se desenvolveram a partir do crescimento protostelar associado a organismos existentes.

Uma fonte vascular primária na forma de um traço foliar que se move do instar central para cada folha individual. Asteroxylon e Baragwanathia são amplamente considerados como licopódios primitivos. Um grupo que ainda existe hoje e é representado por musgos, musgos-espiga e musgos-pau. Os licopódios têm microfilamentos distintos, definidos como folhas com um único efeito vascular. Os microfilamentos podem crescer até qualquer tamanho.

Os microfilos podem atingir mais de um metro de comprimento, mas quase todos têm apenas um feixe vascular. A exceção é uma ramificação rara em algumas espécies de Selaginella. Pensa-se que as folhas mais familiares, os megafilos, se originaram quatro vezes independentemente de fetos, cavalinhas, fetos e plantas com sementes.

Parecem ter origem na modificação de ramos duplos que originalmente se sobrepunham uns aos outros. De acordo com a teoria dos telómeros de Zimmerman, as megafilas são compostas por um grupo de ramos reticulados e, por isso, a fenda foliar permanece onde o feixe vascular da folha se separa do ramo principal, assemelhando-se a um eixo bifurcado. Em cada um dos quatro grupos que deram origem aos megafilos, as folhas evoluíram pela primeira vez durante o Devónico Final e o Carbonífero Inicial e diversificaram-se rapidamente, até que os planos se estabeleceram no Carbonífero Médio.

A cessação da diversificação pode ser atribuída a limitações de crescimento, mas porque é que as folhas demoraram tanto tempo a evoluir? Antes de se notarem os megafilos, as plantas já existiam na Terra há pelo menos 50 milhões de anos. No entanto, são conhecidos mesofilos pequenos e raros do género Eophyllophyton, do Devónico inicial. Por conseguinte, o desenvolvimento não pode ser um obstáculo ao seu aparecimento. A melhor explicação até agora envolve observações que mostram que o dióxido de carbono atmosférico diminuiu rapidamente nesta altura, caindo cerca de 90 por cento durante o Devónico.

Isto exigiu um aumento de 100 vezes na densidade estomática para manter a taxa de fotossíntese. Quando os estomas se abrem para permitir a evaporação da água das folhas, há um efeito de arrefecimento resultante da perda de calor latente da evaporação. Aparentemente, a baixa densidade de estomas no Devónico Inferior significava que a evaporação e o arrefecimento por evaporação eram limitados e que as folhas teriam ficado sobreaquecidas se tivessem crescido até qualquer tamanho. A densidade estomática não pode ser aumentada. Porque as estacas primárias e os sistemas radiculares limitados são incapazes de fornecer água com rapidez suficiente para igualar a taxa de transpiração. É evidente que as folhas nem sempre são úteis.

Como mostra a ocorrência frequente de queda de folhas secundárias, de que são exemplos famosos os cactos e o Psilotum stirrer. A evolução secundária também pode obscurecer a verdadeira origem evolutiva de algumas folhas. Algumas espécies de fetos apresentam folhas complexas que estão ligadas ao pseudo-feixe através do crescimento de feixes vasculares e não deixam qualquer lacuna foliar. Para além disso, as folhas de Equisetum têm apenas uma nervura e parecem ser microfílicas. No entanto, tanto o registo fóssil como a evidência molecular sugerem que os seus antepassados tinham folhas com venação complexa e que o estado atual é o resultado de uma simplificação secundária.

As árvores de folha caduca têm outra desvantagem de ter folhas. A crença comum de que as plantas deixam cair as folhas quando os dias ficam demasiado curtos está errada. As plantas perenes cresceram durante a mais recente estufa no Círculo Polar Ártico. A razão geralmente aceite para a queda das folhas durante o inverno é a necessidade de lidar com o clima. A força do vento e o peso da neve sem folhas fazem com que seja muito mais fácil aumentar a área. A desfoliação sazonal evoluiu de forma independente várias vezes e é exibida em ginkgo bilobas, algumas pinófitas e certas hibernais. A queda das folhas pode também ser causada em resposta à pressão dos insectos. Uma perda total de folhas no inverno ou na estação seca pode ser inferior ao investimento contínuo de recursos para as reparar.

A) Factores que afectam a arquitetura das folhas: Vários factores físicos e fisiológicos, como a intensidade da luz, a humidade, a temperatura, a velocidade do vento, etc., influenciaram a evolução da forma e do tamanho das folhas. As árvores altas raramente têm folhas grandes. Porque são danificadas por ventos fortes. Do mesmo modo, as árvores que crescem em regiões temperadas ou de taiga têm provavelmente folhas pontiagudas para evitar a nucleação de gelo na superfície da folha e reduzir a perda de água devido à transpiração. A herbivoria por mamíferos e insectos tem sido uma força motriz na evolução das folhas.

Um exemplo é o facto de as plantas do género Aciphylla da Nova Zelândia terem espinhos nas suas camadas, o que provavelmente impediu as extintas moas de se alimentarem delas. Outros membros do género Aciphylla que não coexistiram com as moas não têm estes espinhos. A nível genético, estudos de desenvolvimento mostraram que a repressão dos genes KNOX é necessária para a iniciação do primórdio foliar.

É causada por genes ARP que codificam factores de transcrição. A repressão dos genes KNOX nos primórdios foliares parece ser totalmente conservada, enquanto a expressão dos genes KNOX nas folhas resulta em folhas compostas. Parece que a função do ARP surgiu no início da evolução das plantas vasculares. Porque os membros do grupo primário Lycophytes também têm um gene funcional semelhante. Outros agentes que desempenham um papel protetor na definição dos primórdios foliares são as fitohormonas auxina, giberelina e citocinina.

B) Diversidade de folhas: A disposição das folhas ou filotaxia no corpo da planta pode captar a quantidade máxima de luz e é de esperar que seja geneticamente forte. No entanto, no milho, uma mutação num único gene chamado ABPHYL (Abnormal PHYLlotaxy) é suficiente para alterar a filotaxia das folhas, o que significa que a regulação mutacional de um único local no genoma é suficiente para causar variação. Quando as células primárias da folha se desenvolvem a partir das células SAM, são definidos novos eixos para o crescimento da folha, incluindo o eixo abaxial-adaxial (de baixo para cima).

Parece que os genes envolvidos na definição destes e de outros eixos são mais ou menos conservados entre as plantas superiores. As proteínas da família HD-ZIPIII desempenham um papel na definição da identidade axial. Essas proteínas desviam algumas das células do primórdio da folha do estado axial padrão e as tornam axiais. Nas primeiras plantas folhosas, as folhas provavelmente tinham apenas uma superfície. A definição da identidade central ocorreu cerca de 200 milhões de anos após a criação da identidade central. A forma como é criada a grande variedade de morfologia foliar observada nas plantas é objeto de intensa investigação?

Surgiram alguns temas comuns. Um dos mais importantes é o envolvimento dos genes KNOX na produção de folhas compostas, como as do tomateiro, mas este facto não é universal. Por exemplo, as ervilhas utilizam um mecanismo diferente para fazer a mesma coisa. As mutações nos genes que afectam a curvatura da folha também podem alterar a forma da folha, mudando a forma da folha de plana para enrugada, como a forma das folhas de couve. Existem também diferentes gradientes morfogénicos numa folha em crescimento que definem o eixo da folha. Podem também afetar a forma da folha. Outro grupo de reguladores do crescimento foliar são os micro ARNs.

2- As raízes: As raízes são importantes para as plantas por duas razões: Em primeiro lugar, fixam-se ao substrato. Mais importante ainda, elas fornecem uma fonte de água e de nutrientes do solo. As raízes permitem que as plantas cresçam mais alto e mais depressa.

A evolução das raízes teve consequências à escala mundial. Ao perturbarem o solo e promoverem a sua acidificação através da absorção de nutrientes como os nitratos e os fosfatos, permitem-lhe arejar mais profundamente e injetar compostos de carbono mais profundamente no solo, o que tem muitas implicações para o clima.

Estes efeitos podem ter sido suficientemente profundos para levar a extinções em massa. Embora existam vestígios de impactos semelhantes a raízes em solos fossilíferos no Siluriano Superior, os fósseis de corpos indicam que as plantas primitivas não tinham raízes. Muitas delas tinham ramos prostrados que se espalhavam ao longo do solo, com eixos verticais ou talos pontilhados aqui e ali, e algumas até tinham ramos subterrâneos não fotossintéticos que não tinham estomas.

A distinção entre a ramificação da raiz e a especialização do crescimento é o facto de diferirem no seu padrão de ramificação e na existência de uma capa de raiz. Assim, enquanto plantas siluro-devonianas como Rhynia e Horneophyton tinham o equivalente fisiológico de raízes, as raízes, definidas como órgãos distintos dos caules, só chegaram mais tarde. Infelizmente, as raízes raramente são preservadas no registo fóssil, e a nossa compreensão das suas origens evolutivas é fragmentada.

3- Forma da árvore: As paisagens do Devónico primitivo não tinham vegetação mais alta do que a altura da cintura. A maior altura proporciona uma vantagem competitiva na captação da luz solar para a fotossíntese, ofuscando os concorrentes e distribuindo os esporos. Porque os esporos podem ser soprados a distâncias maiores se começarem mais alto. Era necessário um sistema vascular eficiente para atingir altitudes mais elevadas. Para alcançar a arborescência, as plantas tiveram de desenvolver um tecido lenhoso que fornecesse tanto suporte como transporte de água. Por conseguinte, foi necessária a evolução da capacidade de crescimento secundário. A estela das plantas em crescimento secundário está rodeada por um câmbio vascular, um anel de células meristemáticas que produz mais xilema no interior e floema no exterior. Como as células do xilema contêm tecidos mortos e lignificados, os anéis posteriores de xilema são adicionados aos anéis existentes e formam a madeira.

Os fósseis de plantas do início do período Devónico mostram que uma forma simples de madeira apareceu pela primeira vez há pelo menos 400 milhões de anos, quando todas as plantas terrestres eram pequenas e herbáceas. Uma vez que a madeira evoluiu muito antes dos arbustos e das árvores, o seu principal objetivo era provavelmente o transporte de água e, depois, apenas para apoio mecânico.

As primeiras plantas que desenvolveram crescimento secundário e um hábito lenhoso foram aparentemente os fetos e, no início do Devónico Médio, a espécie Wattieza já tinha atingido uma altura de 8 metros e tinha um hábito semelhante a uma árvore. Não demorou muito para que os outros clados atingissem uma altura semelhante à de uma árvore. O Archeopteryx do Devónico tardio, o precursor dos afídeos que evoluíram a partir das trimófitas, atinge uma altura de 30 metros. As probóscides foram as primeiras plantas a produzir madeira verdadeira, que cresceu a partir de um câmbio duplo. A primeira aparição de uma delas foi a Rellimia, no Devónico Médio. Pensa-se que a madeira verdadeira evoluiu apenas uma vez, dando origem ao conceito de clado "lignófito". As florestas arqueológicas foram rapidamente completadas com licopódios arbóreos sob a forma de lepidodendros, cuja altura atinge os 50 metros e chega aos 2 metros na base.

Estes licópodes arbóreos dominaram as florestas do Devónico Final e do Carbonífero, que deram origem a depósitos de carvão. Os lepidodendros diferem das árvores modernas em termos de crescimento específico. Depois de acumularem uma reserva de nutrientes a uma altitude inferior, as plantas enrolam-se como um único tronco até uma altura geneticamente determinada, ramificam-se a esse nível, espalham os seus esporos e morrem. Eram feitas de madeira barata, para permitir um crescimento rápido, e pelo menos metade dos seus caules tinham uma cavidade cheia de medula.

A sua madeira é também produzida por um câmbio vascular de face única e não produz novo floema, o que significa que os troncos não podem crescer mais com o tempo. A cavalinha calamita surgiu no Carbonífero. Ao contrário da moderna cavalinha Equisetum, as calamitas tinham um câmbio vascular monocotiledóneo que lhes permitia crescer em madeira e atingir mais de 10 metros de altura e ramificar-se frequentemente.

Embora as árvores primitivas tivessem uma forma semelhante às actuais, as espermatófitas, ou plantas com sementes, o grupo que inclui todas as árvores modernas, ainda não tinham evoluído. Durante muito tempo pensou-se que os criptídeos tinham evoluído a partir de protozoários, mas provas moleculares recentes sugerem que os seus representantes vivos formam dois grupos distintos. Os dados moleculares ainda não foram totalmente reconciliados com os dados morfológicos, mas é aceite que o suporte morfológico para a paráfise não é forte.

Isto leva à conclusão de que ambos os grupos surgiram de dentro das pteridospermas, provavelmente no início do período Permiano. Os criptídeos e os seus antepassados desempenharam um papel muito reduzido até se diversificarem durante o período Cretáceo. Começaram por ser pequenos organismos subterrâneos, amantes da humidade, e diversificaram-se desde o período Cretáceo até se tornarem os membros dominantes das florestas não-boreais actuais.

4- Sementes: plantas terrestres primitivas que se propagavam pelo método dos fetos. Os esporos germinam em pequenos gametófitos que produzem óvulos ou espermatozóides. Estes espermatozóides nadam através de solos húmidos para encontrar órgãos femininos (arquegónios) no mesmo gametófito ou noutro gametófito, onde se fundem com o óvulo para produzir um embrião que germina num esporófito.

5- Flores: As flores são folhas modificadas que só se encontram em vasos de plantas que surgiram relativamente tarde e aparecem em fósseis. Este grupo formou-se e diversificou-se durante o período Cretáceo inicial e tornou-se ecologicamente importante a partir daí. As estruturas semelhantes a flores aparecem pela primeira vez no registo fóssil por volta de 130 milhões de mm no Cretáceo. No entanto, em 2018, os cientistas relataram a descoberta de uma flor fossilizada datada de cerca de 180 milhões de anos atrás, 50 milhões de anos antes do que se pensava anteriormente.

No entanto, esta interpretação tem sido muito contestada. As estruturas coloridas ou pontiagudas que rodeiam os cones de plantas como as cicadáceas e as gonçalas tornam impossível uma definição exacta do termo flor. A principal função de uma flor é a reprodução, que era o trabalho dos microsporófilos e megasporófilos antes da evolução das flores. A flor pode ser considerada uma poderosa inovação evolutiva. Porque a sua existência permitiu que o mundo vegetal tivesse acesso a novas ferramentas e mecanismos de reprodução.

Durante muito tempo, pensou-se que as plantas com flor evoluíram a partir das anteras. De acordo com o ponto de vista morfológico tradicional, estas plantas estão próximas das Gnetales. No entanto, como já foi referido, provas moleculares recentes contradizem esta hipótese. Também mostra que os Ganthales estão mais intimamente relacionados com alguns grupos de Bazdangans do que com os Nahan Dangans, e os Bazdangani existentes formam um clado distinto dos Nahan Dangans, estes dois clados separaram-se há cerca de 300 milhões de anos.

A relação entre grupos de caules e flores vegetativas é importante para determinar a evolução das flores. Os grupos de caules fornecem informações sobre o estado das bifurcações anteriores no caminho para o estado atual. A convergência aumenta o risco de identificação incorrecta dos grupos de caules. Como a proteção dos mega gametófitos é evolutivamente desejável, é provável que muitos grupos distintos tenham desenvolvido as coberturas protectoras de forma independente. Nas flores, esta proteção assume a forma de um carpelo, que se desenvolve a partir de uma folha e se torna protetor, protegendo os óvulos.

Estes ovos são ainda protegidos por uma cobertura de parede dupla. A penetração destas camadas protectoras requer mais do que um macrogametófito livremente flutuante. Nahan Dangan tem grãos de pólen que consistem apenas em três células.

Uma célula é responsável por perfurar as conchas e criar um canal para o fluxo descendente de dois espermatozóides. O mega gametófito tem apenas sete células. Uma delas funde-se com um espermatozoide e forma o núcleo do próprio óvulo, e a outra junta-se a outro espermatozoide e dedica-se a formar um endosperma rico em nutrientes. Outras células desempenham papéis auxiliares. Este processo é uma fecundação dupla única e comum a todos os povos ocultos. A maioria das análises morfológicas e moleculares colocam Amborella, Nymphaeales e Austrobaileyaceae num clado basal chamado "ANA".

Parece que este clado divergiu no início do Cretáceo, há cerca de 130 milhões de anos, aproximadamente ao mesmo tempo que o primeiro fóssil de Nahandangan e logo após o primeiro pólen do tipo Nahandangan, há 136 milhões de anos. Os magnólidos divergiram pouco depois, e uma rápida radiação, há 125 milhões de anos, deu origem às eudicotiledóneas e monocotiledóneas. No final do Cretáceo, há 66 milhões de anos, mais de 50% dos actuais filos tinham evoluído e o clado era responsável por 70% das espécies do mundo.

Foi nesta altura que as árvores floridas prevaleceram sobre as árvores coníferas. As caraterísticas dos grupos basais de ANA indicam que as criptas têm origem em áreas escuras, húmidas e frequentemente perturbadas. Parece que os criptídeos permaneceram confinados a esses habitats durante todo o Cretáceo. No início das séries sucessivas, ocupavam uma ninhada de pequenas plantas. Este facto pode ter limitado a sua importância inicial, mas deu-lhes uma flexibilidade que acelerou a sua posterior diversificação para outros habitats.

A) Origem da flor: A família Amborellaceae é considerada como irmã de outras plantas com flores vivas. O projeto de genoma de Amborella trichopoda foi publicado em dezembro de 2013. Ao comparar o seu genoma com o de outras plantas com flores vivas, é possível investigar as caraterísticas mais prováveis do antepassado de A. trichopoda e de outras plantas com flores. Ou seja, a planta com flor parece ser um antepassado, ao nível do órgão, a folha pode ser o antepassado da flor ou pelo menos de alguns dos órgãos florais.

Quando alguns genes importantes envolvidos no desenvolvimento das flores sofrem mutações, formam-se aglomerados de estruturas semelhantes a folhas em vez de flores. Assim, em algum momento da história, o programa de desenvolvimento que leva à formação de uma folha deve ter mudado para produzir uma flor. É provável que exista também uma forte estrutura geral dentro da qual a diversidade floral se desenvolveu. Um exemplo disso é um gene chamado LEAFY (LFY), que está envolvido no desenvolvimento da flor em Arabidopsis thaliana. Os homólogos deste gene podem ser encontrados em várias espécies, como o tomate, o snapdragon, o grão-de-bico, o milho e até o amendoim. A expressão do gene LFY de Arabidopsis thaliana em plantas distantes, como o choupo e os citrinos, também leva à produção de flores nestas plantas. O gene LFY regula a expressão de alguns genes pertencentes à família MADS-box. Estes genes, por sua vez, actuam como controladores diretos do crescimento das flores.

A evolução da família MADS-box

Os membros da família de factores de transcrição MADS-box desempenham um papel muito importante no desenvolvimento das flores. De acordo com o modelo ABC do desenvolvimento da flor, três regiões A, B e C são estabelecidas no primórdio da flor em desenvolvimento pela ação de alguns factores de transcrição que são membros da família MADS-box. Entretanto, as funções dos genes dos domínios B e C foram mais conservadas evolutivamente do que as do gene do domínio A.

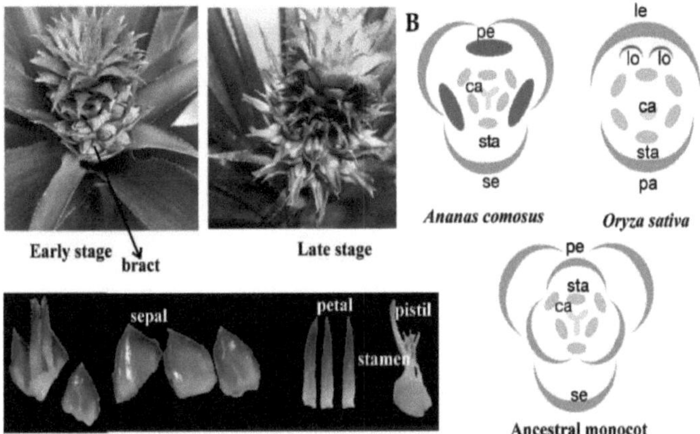

Figura 4. A família de genes MADS-box do ananás e a evolução

Muitos destes genes surgiram através da duplicação de genes dos membros ancestrais desta família. Poucos deles apresentam funções adicionais. A evolução da família MADS-box tem sido amplamente estudada. Estes genes existem mesmo em pteridófitas, mas a expansão e diversidade em Nahan Dangan é muitas vezes maior. Parece haver pouco padrão na forma como esta família evoluiu.

Considere a evolução do gene da região C AGAMOUS (AG). Nas flores actuais, ele é expresso em estames e estaminas, que são órgãos reprodutivos. O seu antepassado em Bazdangan também tem o mesmo padrão de expressão. Aqui é expresso nos estróbilos, o órgão que produz o pólen ou os óvulos. Da mesma forma, os progenitores dos genes B (AP3 e PI) são expressos apenas em órgãos masculinos nos progenitores.

Os seus descendentes também se exprimem apenas nos estames, os órgãos reprodutores masculinos, nas peles modernas. Por conseguinte, os mesmos componentes disponíveis nessa altura foram utilizados pelas plantas de uma nova forma para produzir a primeira flor. Este é um padrão recorrente na evolução.

Factores que afectam a diversidade das flores

Existe uma grande variação na estrutura das flores nas plantas, que se deve normalmente a alterações nos genes MADS-box e nos seus padrões de expressão. Por exemplo, as gramíneas têm estruturas florais únicas. Os estames e os estames são rodeados por lodículas semelhantes a escamas e duas brácteas chamadas lemas e brácteas, mas os dados genéticos e morfológicos sugerem que as lodículas são homólogas às pétalas das eudicotiledóneas. As palas e lemas podem ser homólogas a sépalas de outros grupos ou podem ser estruturas únicas das gramíneas. Outro exemplo é Linaria vulgaris, que tem dois tipos de simetria floral, radial e bilateral. Estas simetrias são devidas a alterações epigenéticas num único gene chamado CYCLOIDEA.

O elevado número de pétalas nas rosas é o resultado da seleção humana. Os botões auriculares dos ratos têm um gene chamado AGAMOUS, que desempenha um papel importante na determinação do número de pétalas, sépalas e outros órgãos. A mutação neste gene faz com que o meristema da flor tenha um destino incerto e os órgãos da flor multiplicam-se sob a forma de duas rosas, cravos e glória-da-manhã.

Estes fenótipos foram selecionados pelos jardineiros devido ao aumento do número de pétalas. Vários estudos efectuados em diversas plantas, como a petúnia, o tomate, a impatiens, o milho, etc., demonstraram que a grande diversidade das flores resulta de pequenas alterações nos genes que controlam o seu crescimento. O Projeto Genoma da Flor confirmou que o modelo ABC do desenvolvimento da flor não é conservado em todas as criptas.

Período de floração

Outra caraterística das flores que tem sido objeto de seleção natural é a época de floração. Algumas plantas florescem no início do seu ciclo de vida. Outras necessitam de um período de primavera antes da floração. Este resultado baseia-se em factores como a temperatura, a intensidade da luz, a presença de polinizadores e outros sinais ambientais.

As alterações nestes locais estão associadas a alterações na época de floração das plantas. Por exemplo, os ecótipos vegetativos de orelha de rato que crescem em regiões frias e temperadas requerem um longo período de vernalização antes da floração, enquanto as espécies tropicais e as espécies de laboratório mais comuns não o fazem. Esta diversidade é devida a mutações nos genes FLC e FRIGIDA, que os tornam não funcionais.

Muitos genes envolvidos neste processo são conservados em todas as plantas estudadas. Por vezes, apesar da proteção genética, o mecanismo de ação é diferente. Por exemplo, o arroz é uma planta de dias curtos, enquanto a Arabidopsis thaliana é uma planta de dias longos. Ambas as plantas têm as proteínas CO e FLOWERING LOCUS T (FT), mas nos botões auriculares do rato, o CO aumenta a produção de FT, enquanto no arroz, o homólogo do CO reprime a produção de FT, resultando em efeitos a jusante diametralmente opostos.

Teorias da evolução das flores

A teoria antofítica foi baseada na observação de que um grupo de Gnetales tinha óvulos semelhantes a flores. Nahan Dangan tem veias parcialmente desenvolvidas e o megaesporângio está coberto por três tegumentos, tal como a estrutura do ovário das flores de Nahan Dangan. No entanto, muitas outras linhas de evidência sugerem que os Gnetales não estão relacionados com os cryptids.

Mais teoria tem uma base genética mais masculina. Os defensores desta teoria chamam a atenção para o facto de os reclusos terem duas cópias muito semelhantes do gene LFY, enquanto que os reclusos têm apenas uma cópia. A análise do relógio molecular mostrou que outro parálogo do gene LFY se perdeu por volta da mesma altura em que se registou a abundância de fósseis de flores no Nahan Dungan, sugerindo que este evento pode ter levado à evolução das flores.

De acordo com esta teoria, a perda de um dos paralogs LFY resultou em flores que eram maioritariamente masculinas e os óvulos foram expressos de forma aberrante. No início, esses óvulos faziam o trabalho de atrair polinizadores, mas algum tempo depois, eles podem ter sido integrados ao núcleo da flor.

Mecanismos e factores de evolução da morfologia vegetal
Embora os factores ambientais sejam significativamente responsáveis pela mudança evolutiva, actuam apenas como agentes de seleção natural. A mudança ocorre inerentemente através de fenómenos a nível genético: mutações, rearranjos cromossómicos e alterações epigenéticas.

Enquanto os tipos gerais de mutação são verdadeiros em todo o mundo vivo, nas plantas, alguns outros mecanismos são implicados como muito importantes. A duplicação do genoma é um evento relativamente comum na evolução das plantas e resulta em poliploidia, que é uma caraterística comum nas plantas. Estima-se que pelo menos metade das plantas tenha sofrido uma duplicação do genoma ao longo da sua história. A duplicação do genoma requer a duplicação de genes. Por conseguinte, a redundância funcional é criada na maioria dos genes.

Os genes duplicados podem adquirir uma nova função, quer por uma mudança no padrão de expressão, quer por uma mudança na atividade. Acredita-se que a poliploidia e a duplicação de genes são uma das forças mais poderosas na evolução das plantas. Embora não seja claro porque é que a duplicação do genoma é um processo frequente nas plantas.

Uma das razões possíveis é a produção de grandes quantidades de metabolitos secundários nas células vegetais. Alguns deles podem interferir com o processo normal de segregação cromossómica e provocar a duplicação do genoma. Nos últimos tempos, as plantas desenvolveram famílias de microRNA notáveis que são conservadas em muitas linhagens de plantas.

Em comparação com os animais, embora o número de famílias de miRNA das plantas seja inferior ao dos animais, o tamanho de cada família é muito maior. Os genes de miRNA estão também muito mais amplamente distribuídos no genoma do que os genes dos animais, onde estão mais agrupados. Foi sugerido que estas famílias de miRNA se expandiram por duplicação de regiões cromossómicas.

Muitos genes de miRNA envolvidos na regulação do crescimento das plantas são completamente conservados entre as plantas estudadas. A domesticação de plantas como o milho, o arroz, a cevada, o trigo, etc. também tem sido uma força motriz importante na sua evolução. A investigação sobre a origem do milho mostrou que este é um derivado domesticado de uma planta selvagem do México chamada teosinte. O teosinte, tal como o milho, pertence ao género Zea, mas tem inflorescências muito pequenas, 5-10 espigas duras e um caule muito ramificado e largo.

Um cruzamento entre uma determinada variedade de teosinte e o milho produz descendência fértil com fenótipo intermédio entre o milho e o teosinte. A análise de QTL também revelou alguns loci que, quando mutados no milho, resultam em caules ou espigas semelhantes aos do teosinte. A análise do relógio molecular destes genes estima a sua origem em cerca de 9.000 anos atrás, o que está de acordo com outros registos de domesticação do milho.

Acredita-se que um pequeno grupo de agricultores deve ter selecionado um mutante natural de milho semelhante ao teosinte no México, há cerca de 9.000 anos, e submeteu-o a uma seleção contínua para produzir a planta de milho familiar de hoje. A couve-flor comestível é uma versão domesticada da planta selvagem Brassica oleracea, que tem uma inflorescência densa e indiferenciada chamada panícula, que dá origem à couve-flor. A couve-flor tem uma única mutação num gene chamado CAL que controla a diferenciação do meristema para a inflorescência.

Isto faz com que as células do meristema da flor encontrem uma identidade indiferenciada e se tornem uma massa densa de células do meristema da inflorescência, em vez de crescerem numa flor. Esta mutação tem sido selecionada através da domesticação desde, pelo menos, o tempo do Império Grego.

Evolução das vias fotossintéticas

A via metabólica C4 é uma valiosa inovação evolutiva recente nas plantas que envolve um conjunto complexo de alterações adaptativas na fisiologia e nos padrões de expressão genética. A fotossíntese é uma via química complexa facilitada por uma vasta gama de enzimas e coenzimas.

A enzima RuBis CO é responsável pela fixação do CO_2, ou seja, liga-se a uma molécula à base de carbono para formar um açúcar que pode ser utilizado pela planta e a molécula de oxigénio é libertada. No entanto, esta enzima é muito ineficiente e fixa cada vez mais oxigénio em vez de CO_2 à medida que a temperatura ambiente aumenta, num processo chamado fotorrespiração. Este processo é intensivo em energia. Porque a planta tem de utilizar energia para converter os produtos da fotorrespiração numa forma que possa reagir com o CO_2.

Carbono concentrado

As plantas C4 desenvolveram mecanismos de concentração de carbono que funcionam através do aumento da concentração de CO2 em torno do RuBis CO e da remoção de oxigénio, aumentando assim a eficiência fotossintética através da redução da fotorrespiração. O processo de concentração de co2 em torno do RuBis CO requer mais energia do que a libertação de gases, mas em determinadas condições, como temperatura quente (>25 °C), baixa concentração de co2 ou alta concentração de oxigénio, responde em termos de redução da perda de açúcares. Através da fotorrespiração, um tipo de metabolismo c4 utiliza a anatomia de Kranz.

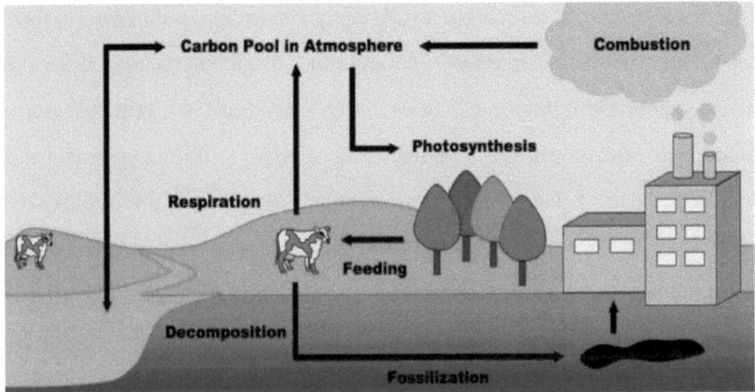

Figura 5. O efeito de estufa

Transporta o CO_2 através de uma camada exterior do mesófilo, passando por uma vasta gama de moléculas orgânicas, até às células centrais da bainha fechada, onde o CO_2 é libertado. Desta forma, o CO_2 é concentrado perto do local de funcionamento do RuBis CO. Como o RuBis CO funciona num ambiente com muito mais co2 do que seria de outra forma, é mais eficiente. O segundo mecanismo, a fotossíntese CAM, separa temporariamente a fotossíntese da ação do RuBis CO. O RuBis CO só actua durante o dia. Quando os estomas estão fechados, o CO_2 é fornecido a partir da decomposição química do malato. Depois, quando os estomas se abrem durante as noites frias e húmidas, mais CO_2 é retirado da atmosfera e a perda de água é reduzida.

Certificado de habilitações

Estas duas vias, com o mesmo efeito sobre o RuBis CO, evoluíram várias vezes de forma independente. De facto, só a C4 ocorreu 62 vezes em 18 famílias de plantas diferentes. Parece que uma série de pré-adaptações preparou o caminho para a C4, o que levou ao seu agrupamento em certas classes. É frequentemente desenvolvido em plantas que já possuem caraterísticas como um extenso tecido vascular de bainha fechada.

Muitas vias evolutivas potenciais que conduzem ao fenótipo C_4 são possíveis e foram identificadas utilizando a inferência Bayesiana, confirmando que as adaptações não-fotossintéticas constituem frequentemente trampolins evolutivos para uma maior evolução C4. A estrutura C4 é utilizada por um subconjunto de gramíneas, enquanto a CAM é utilizada por muitas suculentas e cactos. Parece que a caraterística C4 apareceu no Oligoceno, há cerca de 25 a 32 milhões de anos. No entanto, não eram ecologicamente importantes até ao Miocénico, há 6 a 7 milhões de anos. De forma notável, alguns fósseis carbonizados preservam o tecido organizado na anatomia de Kranz com células da bainha intactas, permitindo a identificação do metabolismo C_4. Os marcadores isotópicos são utilizados para inferir a sua distribuição e importância.

As plantas C3 utilizam preferencialmente o mais leve dos dois isótopos de carbono na atmosfera, o 12C, que é mais facilmente envolvido nas vias químicas envolvidas na sua estabilização. Uma vez que o metabolismo C_4 envolve mais um passo químico, este efeito é intensificado. O material vegetal pode ser analisado para inferir um rácio entre o 13C mais pesado e o 12C. Este rácio é apresentado como δ13C. As plantas C_3 são, em média, cerca de 14‰ mais leves do que o rácio atmosférico, enquanto as plantas C_4 são cerca de 28‰ mais leves. O δ13C das plantas CAM depende da percentagem de carbono fixado durante a noite em relação ao fixado durante o dia. Se fixam a maior parte do seu carbono durante o dia, estão mais próximas das plantas C_3 , e se fixam todo o seu carbono durante a noite, estão mais próximas das plantas C_4. O material fóssil original é suficientemente escasso para analisar a erva em si, mas os cavalos são um bom representante. Estavam universalmente disseminados no período de interesse e alimentavam-se quase exclusivamente de erva. Existe um bom registo de dentes de cavalo em todo o mundo, e o seu registo de $\delta13C$ indica um desvio negativo acentuado há cerca de 6-7 milhões de anos, durante o Messiniano, que é interpretado como o resultado do aparecimento de plantas C_4 à escala global.

Vantagem C_4

Embora o C_4 aumente a eficiência do RuBis CO, a concentração de carbono é muito intensiva em energia. Isto significa que as plantas C4 são superiores aos organismos C3 apenas em determinadas condições, ou seja, alta temperatura e baixa pluviosidade. As plantas C_4 também precisam de luz solar para crescer. Os modelos sugerem que, sem os incêndios que destroem as árvores de sombra e os arbustos, não haveria espaço para as plantas C_4, mas os incêndios florestais ocorrem há 400 milhões de anos. Porque é que o C_4 demorou tanto tempo a surgir e depois apareceu tantas vezes de forma independente. O Carbonífero tinha níveis muito elevados de oxigénio, quase suficientes para a combustão espontânea, e muito baixos de CO_2, mas nenhuma assinatura isotópica C_4. Não parece ter havido um gatilho súbito para o aparecimento do Miocénico.

Durante o Miocénico, a atmosfera e o clima eram relativamente estáveis. Por outro lado, o CO_2 aumentou gradualmente de 14 a 9 milhões de anos atrás, antes de atingir concentrações semelhantes às do Holocénico. Este facto mostra que não desempenhou um papel fundamental na evolução do C_4 . As gramíneas existem provavelmente há 60 milhões de anos ou mais. Por conseguinte, tiveram muito tempo para a evolução do C_4, que, de qualquer modo, existe em várias gamas. grupos e, por conseguinte, evoluíram de forma independente. Há um forte sinal de alterações climáticas no Sul da Ásia. O aumento da secura e, consequentemente, o aumento da frequência e da intensidade dos incêndios podem ter conduzido ao aumento da importância dos prados. No entanto, esta hipótese é difícil de conciliar com o registo da América do Norte.

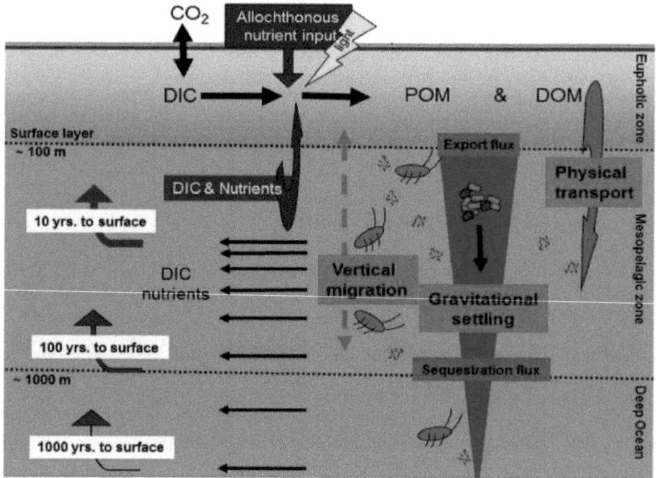

Figura 6. Esquema da bomba biológica de carbono

É possível que o sinal seja inteiramente biológico e que se deva à aceleração da evolução das gramíneas induzida pelo fogo, que reduz os níveis de co2 atmosférico, tanto pelo aumento da meteorização como pela incorporação de mais carbono nos sedimentos. Finalmente, há provas de que o início do C4 entre 9 e 7 milhões de anos atrás é um sinal enviesado que só se verifica na América do Norte, de onde provém a maior parte das amostras. Evidências emergentes sugerem que as pastagens se tornaram um estado dominante na América do Sul há pelo menos 15 milhões de metros.

Evolução das regras de transcrição

Os factores de transcrição e as redes de regulação da transcrição desempenham um papel fundamental no crescimento das plantas e nas respostas ao stress, bem como na sua evolução. Durante a descendência das plantas, muitas novas famílias de factores de transcrição surgiram e estão preferencialmente ligadas a redes de desenvolvimento multicelular, reprodução e desenvolvimento de órgãos, contribuindo para a formação mais complexa das plantas terrestres.

Evolução do metabolismo secundário

Muitos metabolitos secundários têm estruturas complexas. Os metabolitos secundários são essencialmente compostos de baixo peso molecular que, por vezes, têm estruturas complexas que não são essenciais para os processos normais de crescimento, desenvolvimento ou reprodução. Actuam em diversos processos, como a imunidade, a anti-herbivoria, a atração de polinizadores, a comunicação entre plantas, a manutenção de relações simbióticas com a flora do solo ou o aumento da taxa de fertilização, sendo, por isso, importantes do ponto de vista da evo-devo. Os metabolitos secundários são estrutural e funcionalmente diversos, estimando-se que centenas de milhares de enzimas possam estar envolvidas na sua produção, com aproximadamente 15-25% do genoma a codificar estas enzimas e cada espécie com o seu próprio arsenal único.

Metabolitos secundários Muitos destes metabolitos, como o ácido salicílico, são de importância médica para os seres humanos. O objetivo da produção de tantos metabolitos secundários não é claro, sendo uma parte significativa do metaboloma dedicada a esta atividade. A maior parte destas substâncias químicas contribui para a imunidade e, consequentemente, a diversidade destes metabolitos é o resultado de uma constante corrida ao armamento entre as plantas e os seus parasitas. Algumas provas confirmam este facto.

Uma questão importante envolve o custo reprodutivo da manutenção de um conjunto tão grande de genes dedicados à produção de metabolitos secundários. Foram propostos vários modelos que abordam este aspeto da questão, mas ainda não foi estabelecido um consenso quanto à extensão do custo. Porque ainda é difícil prever se uma planta com mais metabólitos secundários aumentará sua sobrevivência ou sucesso reprodutivo em comparação com suas plantas vizinhas.

Parece que a produção de metabolitos secundários surgiu muito cedo na evolução. Nas plantas, parecem ter-se expandido através de mecanismos como a duplicação de genes ou a evolução de novos genes. Além disso, a investigação demonstrou que a variação em alguns destes compostos pode ser selecionada positivamente. Embora o papel da evolução de novos genes na evolução do metabolismo secundário seja claro, existem vários exemplos em que novos metabolitos são formados por pequenas alterações na reação. Por exemplo, foi sugerido que os glicosídeos cianogénicos evoluíram várias vezes em diferentes linhagens de plantas. Existem vários casos de evolução convergente. Por exemplo, as enzimas para a síntese de limoneno, um terpeno, são mais comuns entre secretores e redactores do que as suas próprias enzimas de síntese de terpenos. Este facto indica a evolução independente da via biossintética do limoneno nestes dois princípios.

Evolução das interações planta-micróbio
História evolutiva das relações micróbio-micróbio e planta-micróbio
As interações microbianas foram caracterizadas a uma escala evolutiva, o que sugere que as interações planta-micróbio ocorreram há relativamente pouco tempo em comparação com as interações ancestrais entre bactérias ou entre diferentes reinos microbianos. Estão representadas interações competitivas (vermelho) e cooperativas (verde) dentro e entre reinos microbianos. As origens dos micróbios na Terra, que remontam ao início da

vida, há mais de 3,5 mil milhões de anos, mostram que as interações micróbio-micróbio evoluíram e se diversificaram de forma constante ao longo do tempo, muito antes de as plantas começarem a evoluir há 450 milhões de anos. colonizar a terra.

Por conseguinte, é provável que as interações microbianas intra e inter-reinos sejam fortes impulsionadoras dos consórcios microbianos associados às plantas na interface solo/raiz. No entanto, continua a não ser claro em que medida estas interações na rizosfera/filosfera e nos compartimentos de endófitos de plantas moldam os conjuntos microbianos na natureza e se a adaptação microbiana aos habitats das plantas conduz a estratégias de interação microbemicrobiana específicas do habitat.

Além disso, é difícil avaliar a contribuição das interações competitivas e cooperativas micróbio-micróbio para a estrutura global da comunidade devido ao ruído ambiental extremo na natureza.

Co-evolução das plantas e dos parasitas fúngicos

Um fator adicional que contribui para que algumas plantas levem a mudanças evolutivas é a força evolutiva com parasitas fúngicos. Num ambiente com um parasita fúngico comum na natureza, as plantas têm de se adaptar para evitar os efeitos nocivos do parasita. Sempre que um fungo parasita retira recursos limitados da planta, há uma pressão selectiva para o fenótipo que é mais capaz de resistir ao ataque do fungo. Ao mesmo tempo, os fungos que estão melhor equipados para escapar às defesas das plantas terão um nível de aptidão mais elevado.

A combinação destes dois factores conduz a um ciclo interminável de mudanças evolutivas no sistema hospedeiro-patógeno. Como cada espécie da relação está constantemente a mudar sob a influência de um simbionte, a mudança evolutiva ocorre geralmente mais rapidamente do que se a outra espécie não estivesse presente. Isto é verdade na maioria dos casos de evolução simultânea. Isto faz com que a capacidade de uma população evoluir rapidamente seja crítica para a sua sobrevivência. Além disso, se a espécie patogénica for demasiado bem sucedida e ameaçar a sobrevivência e o sucesso reprodutivo das plantas hospedeiras, os fungos patogénicos correm o risco de perder a sua fonte de alimento para as gerações futuras.

Estes factores criam dinâmicas que moldam as mudanças evolutivas em ambas as espécies, de geração em geração. Os genes que codificam os mecanismos de defesa das plantas devem mudar constantemente para acompanhar o ritmo do parasita, que está constantemente a trabalhar para escapar às defesas. Os genes que codificam os mecanismos de fixação são os mais dinâmicos e estão diretamente relacionados com a capacidade de fuga dos fungos. Quanto maiores forem as mudanças nesses genes, maior será a mudança no mecanismo de fixação.

Após forças selectivas sobre os fenótipos resultantes, ocorrem mudanças evolutivas que promovem a fuga às defesas do hospedeiro. Os fungos não só evoluem para impedir as defesas das plantas, como também tentam impedir mecanismos que melhorem o sistema de defesa das plantas. Qualquer coisa que os fungos possam fazer para retardar a evolução das plantas hospedeiras irá melhorar a aptidão das gerações futuras. Porque esta planta não se pode adaptar às mudanças evolutivas do parasita. Um dos principais processos pelos quais as plantas evoluem rapidamente em resposta ao seu ambiente é a reprodução sexual.

Sem reprodução sexual, as caraterísticas benéficas não podem ser rapidamente disseminadas na população de plantas, permitindo que os fungos obtenham uma vantagem competitiva. Por esta razão, os órgãos de reprodução sexual das plantas são o alvo do ataque dos fungos. Estudos demonstraram que muitas espécies diferentes de fungos parasitas obrigatórios de plantas desenvolveram mecanismos que desactivam ou afectam a reprodução sexual das plantas.

Se forem bem sucedidos, a reprodução sexual da planta abranda. Assim, retarda a mudança evolutiva ou, em casos extremos, os fungos podem tornar a planta estéril, dando uma vantagem ao agente patogénico. Não se sabe exatamente como esta caraterística adaptativa se desenvolveu nos fungos, mas é evidente que a relação com a planta provocou o desenvolvimento deste processo. Alguns investigadores estão também a estudar a forma como uma série de factores afectam a velocidade das mudanças evolutivas e as consequências das mudanças em diferentes ambientes.

Por exemplo, como na maioria das evoluções, um aumento da hereditariedade numa população permite uma maior resposta evolutiva na presença de pressão selectiva. Para as caraterísticas especiais da evolução simultânea de plantas e fungos, os investigadores estudaram a forma como o agente patogénico invasor afecta a evolução simultânea. Estudos sobre a Mycosphaerella graminicola mostraram consistentemente que a virulência de um agente patogénico não afecta significativamente o percurso evolutivo da planta hospedeira. Outros factores podem também afetar o processo de evolução simultânea.

Por exemplo, em populações pequenas, a seleção é uma força relativamente mais fraca na população devido à deriva genética. A deriva genética aumenta a probabilidade de existência de alelos fixos, o que reduz a variação genética na população. Assim, se houver apenas uma pequena população de plantas numa área capaz de se reproduzir em conjunto, a deriva genética pode contrariar os efeitos da seleção e colocar a planta em desvantagem para os fungos que podem evoluir a um ritmo natural. A variação nas populações de hospedeiros e de agentes patogénicos é um fator importante para o sucesso evolutivo em comparação com outras espécies.

Quanto maior for a variação genética, mais rapidamente as espécies podem evoluir para contrariar os mecanismos de defesa ou de evitamento de outros organismos. Devido ao processo de polinização das plantas, o tamanho efetivo da população é geralmente maior do que o dos fungos. Porque os polinizadores podem ligar populações isoladas de uma forma que os fungos não podem. Isto significa que os traços positivos que evoluem em áreas não flanqueadas, mas próximas, podem ser transferidos para áreas flanqueadas. Os fungos têm de evoluir individualmente para escapar às defesas do hospedeiro em cada região.

Trata-se obviamente de uma clara vantagem competitiva para as plantas hospedeiras. A reprodução sexuada com uma ampla e elevada variação populacional conduz a mudanças evolutivas rápidas e a um maior sucesso reprodutivo da descendência. Os padrões ambientais e climáticos também desempenham um papel nos resultados evolutivos. Estudos sobre carvalhos e um parasita fúngico obrigatório em diferentes altitudes mostram claramente esta distinção.

Para a mesma espécie, as diferentes posições altitudinais das taxas de evolução e as mudanças em resposta a agentes patogénicos devido à vitalidade e também num ambiente selecionado foram fortemente diferentes de acordo com o seu ambiente. A coevolução é um processo relacionado com a hipótese da Rainha Vermelha. Tanto a planta hospedeira como os fungos parasitas têm de sobreviver para se manterem no seu nicho ecológico.

Se uma espécie evoluir a um ritmo significativamente mais rápido do que a outra, a espécie mais lenta ficará em desvantagem competitiva e arrisca-se a perder nutrientes. Uma vez que duas espécies estão altamente interligadas neste sistema, respondem em conjunto a factores ambientais externos e cada espécie afecta o resultado evolutivo da outra. Por outras palavras, qualquer pressão selectiva exerce-se sobre a outra.

O tamanho da população é também um fator importante no resultado. Porque a diferença no fluxo genético e a deriva genética podem causar mudanças evolutivas que não correspondem à direção de seleção esperada das forças causadas por outros organismos. A coevolução é um fenómeno importante que é necessário para compreender a relação vital entre as plantas e os seus parasitas fúngicos.

Capítulo 3: Qual é a diferença entre uma célula vegetal e uma célula animal?

A diferença entre uma célula vegetal e uma célula animal é um dos temas mais controversos da biologia. Todos os organismos vivos, incluindo plantas, animais, protozoários e fungos, são compostos por células vivas, que podem ser multicelulares ou unicelulares, consoante o seu tipo. Além disso, as bactérias e as arqueias são formadas a partir de uma célula procariótica. As células vegetais e as células animais diferem umas das outras de muitas maneiras, que podem ser divididas em três categorias gerais: diferenças estruturais, diferenças de divisão e diferenças metabólicas.

O que é uma célula?

Para analisar as diferenças entre as células vegetais e as células animais, é melhor começar por explicar a célula em si. As células são as principais unidades estruturais e de construção de todos os organismos vivos. Célula, célula ou câmara são outros nomes da célula. As células, que são consideradas os mais pequenos blocos de construção da vida, são estudadas no domínio da biologia celular ou citologia.

As células, que têm diferentes tipos, são constituídas por diferentes estruturas. Todas as células possuem uma membrana celular (membrana plasmática) e citoplasma. A membrana celular é um revestimento que cobre o conteúdo da célula ou o citoplasma e é considerada o limite da célula. O próprio citoplasma é composto por vários componentes, que nas células eucarióticas incluem: núcleo e outros organelos como as mitocôndrias, retículo endoplasmático liso e rugoso, aparelho de Golgi e outras estruturas celulares. A célula procariótica não tem um núcleo e organelos bem definidos.

Células animais e células vegetais

As células animais e as células vegetais são ambos tipos de células eucarióticas que têm estruturas semelhantes e diferentes. As células animais desempenham as suas funções através de vários organelos que possuem no seu interior. Estes organelos trabalham em conjunto simultaneamente e actuam como diferentes partes de uma fábrica dentro de uma célula animal. Nem todas as células animais possuem todos os organelos diferentes e são geralmente especializadas, possuindo a maioria dos organelos para realizar acções específicas.

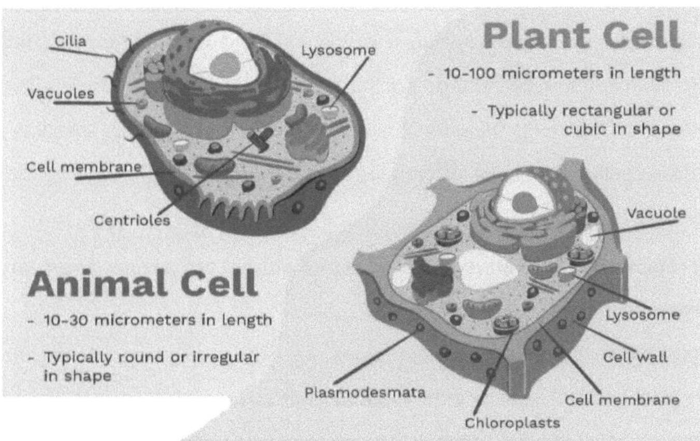

Figura 7. Diferença entre células vegetais e animais

Células vegetais e células animais

As células vegetais têm formas diferentes das células animais. Para além da membrana celular, do citoplasma e dos organelos citoplasmáticos, as células vegetais também contêm uma parede resistente, denominada parede celular vegetal. As células vegetais, que têm formas poligonais e regulares, têm funções diferentes das células animais.

Diferença entre célula vegetal e célula animal

Como já foi referido, devido ao facto de estas células serem eucarióticas, ambas têm semelhanças básicas, incluindo um núcleo distinto e vários organelos citoplasmáticos no seu interior. Mencionámos anteriormente que a célula vegetal tem uma parede celular à volta da sua membrana, que é semelhante à das células fúngicas, mas as células animais não a têm.

A célula vegetal tem um organelo especial chamado cloroplasto, que efectua a fotossíntese através da energia solar, o que a célula animal não tem. Para além disso, um vacúolo grande e central é um dos componentes das células vegetais que as células animais não possuem.

Ao contrário da célula vegetal, a célula animal possui estruturas como o centrossoma, que é constituído por microtúbulos e centríolos. Além disso, a presença de organelos lisossómicos nas células animais e a sua ausência nas células vegetais é uma das diferenças mais importantes entre estas células.

Diferença entre a célula vegetal e a célula animal em termos de estrutura e organelos

A existência de organelos lisossómicos nas células animais e de organelos cloroplásticos e de um grande vacúolo central nas células vegetais são as diferenças que estes dois tipos de células apresentam em termos de organelos. O núcleo, o retículo endoplasmático liso, o retículo endoplasmático rugoso, o corpo de Golgi, as mitocôndrias, o peroxissoma, os ribossomas e o esqueleto celular, que inclui microtúbulos e microfilamentos, existem em ambos os tipos de células vegetais e células animais. As células animais têm pequenos vacúolos para transportar e mover materiais. O flagelo e o centríolo são estruturas que só se observam maioritariamente nas células animais.

A presença de uma parede dura e forte, como a parede celular vegetal, nas células vegetais confere uma forma e consistência especiais a estas células, que nos animais multicelulares é criada por estruturas ou tecidos especializados, como o tecido ósseo e o tecido cartilagíneo. As células vegetais e animais também diferem nas junções intercelulares.

Organelo lisossómico em células animais

O organelo lisossoma é um saco com uma membrana que elimina os resíduos das células animais através de enzimas de decomposição no seu interior. As enzimas dos lisossomas são mais fortes e mais ácidas do que as enzimas do citoplasma e são capazes de decompor organelos celulares desgastados, proteínas, polissacáridos, lípidos e ácidos nucleicos. A decomposição dos organelos desgastados e a sua reciclagem, bem como a digestão dos alimentos consumidos pela célula, são algumas das acções mais importantes realizadas pela organela lisossoma nos eucariotas unicelulares.

Outra função importante e eficaz dos lisossomas é a decomposição de agentes patogénicos que podem entrar na célula e causar doenças e perturbações. Nos macrófagos, que são um grupo de glóbulos brancos que engolem organismos patogénicos através da fagocitose, esta ação é realizada de forma profissional.

Organelo do cloroplasto nas células vegetais

Pode dizer-se que a fotossíntese é o processo mais importante e único realizado pelas células vegetais. Esta ação tem lugar principalmente no organelo do cloroplasto da célula vegetal. O cloroplasto, que tem o seu próprio ADN e ribossomas, pode ser visto nas algas, para além das células vegetais. Os produtos da fotossíntese são o oxigénio e a glicose, que são formados pela energia do sol (luz), pelo dióxido de carbono e pela água. Os animais que não são capazes de efetuar a fotossíntese, obtêm os compostos orgânicos de que necessitam a partir de outras plantas e animais. O cloroplasto tem duas camadas de membrana interna e externa, que incluem o estroma e os grânulos que contêm clorofila. As clorofilas são pigmentos que captam a energia solar necessária para o citoplasma.

Diferença entre célula vegetal e célula animal na divisão celular

O processo durante o qual outra célula é formada a partir de uma célula é chamado de divisão celular. Apesar das fases comuns no processo de divisão das células vegetais e das células animais, existem diferenças entre as estruturas especiais que se formam durante este processo em cada um destes dois tipos de células.

Ao contrário das células animais, as células vegetais avançadas não têm centríolos. A divisão celular vegetal e animal é diferente na formação do fuso e na citocinese. Nas células vegetais que não possuem centríolo, o fuso de divisão é formado por aglomerados de microtúbulos. Para além de dividirem os cromossomas, estes aglomerados de microtúbulos estão também envolvidos na citocinese. Nas células vegetais, para além da membrana, é necessário dividir a parede celular. Na fase da citocinese, a nova parede celular é formada pela adesão de vesículas contendo lignina e celulose.

Semelhança das células vegetais e animais

As células animais e vegetais têm estilos de vida completamente diferentes. As plantas permanecem num local e utilizam a energia da luz solar para produzir os seus alimentos através da fotossíntese. Por outro lado, os animais movem-se ativamente e alimentam-se de outros animais e plantas para obter energia. Ambos os organismos desempenham funções completamente diferentes. Por conseguinte, as células animais e vegetais são completamente diferentes umas das outras.

A composição geral das células vegetais e animais é a mesma. No entanto, algumas estruturas existem apenas nas células vegetais e vice-versa. As semelhanças entre as duas células são explicadas de seguida:

- ✓ As células animais e vegetais têm uma membrana celular que envolve uma estrutura semelhante a um gel chamada citoplasma. Ambas as células têm organelos mais pequenos que desempenham funções distintas.

- ✓ Estes organelos estão separados do citoplasma por uma membrana. Por isso, estes organelos são designados organelos ligados à membrana.

- ✓ Três organelos importantes presentes em todas as células eucarióticas, quer sejam vegetais ou animais, são o núcleo, o retículo endoplasmático com ribossomas e o aparelho de Golgi.

1- Núcleo: O núcleo é uma organela ligada à membrana que geralmente se encontra no centro da célula. O núcleo é encontrado em todas as células eucarióticas e contém o material genético da célula chamado cromatina.

2- Retículo endoplasmático: Todas as células eucarióticas têm um retículo endoplasmático que desempenha um papel importante na produção, processamento e transporte de lípidos e proteínas. O retículo endoplasmático produz proteínas de membrana e lípidos não só para a sua própria membrana, mas também para outros organelos como os lisossomas, o aparelho de Golgi, a membrana celular e os vacúolos na célula vegetal.

3- Aparelho de Golgi: O aparelho de Golgi é constituído por sacos membranares planos que se assemelham a um retículo endoplasmático liso. Altera as proteínas e embala-as sob a forma de vesículas ou lisossomas.

Notas sobre as paredes celulares das plantas

Existem até 3 paredes nas células vegetais, que por ordem de formação são:

❖ Lâmina intermédia.

❖ A primeira parede.

❖ A segunda parede.

1- Notas sobre a lâmina média: A parede mais antiga é a lâmina média. A lâmina mediana durante a citocinese da célula vegetal é produzida a partir da conexão de vesículas de Golgi que formam a lâmina celular no meio da célula (perpendicular ao fuso). Esta lâmina não possui células. A parede celular vegetal mais externa situa-se entre duas células adjacentes. Ela não é contínua e completa e, em alguns locais, há orifícios por onde passam os plasmodesmas.

2- Notas sobre a primeira parede: É produzida sob a lâmina média. O seu material é constituído principalmente por fibras de celulose com pectina e um pouco de proteína. As fibras de celulose estão orientadas de forma a aumentar a resistência da parede. As fibras de celulose em cada camada são quase paralelas umas às outras, mas têm um ângulo em relação às camadas superiores ou inferiores. Algumas células que possuem apenas uma lâmina média e uma primeira parede são:

❖ O parênquima tem uma primeira parede fina.

❖ Colênquima: Possui uma primeira parede espessa com espessura não uniforme.

❖ Epiderme: A maior parte da primeira parede é fina.
A primeira parede, tal como a lâmina média, não é completamente uniforme e não é formada em algumas áreas. Se essas áreas coincidirem com as áreas de não formação da lâmina média, isso leva à formação de poros através dos quais os plasmodesmas passam. A espessura da primeira parede é maior do que o comprimento médio da lâmina média.

3- Notas sobre a segunda parede: O seu material primário é a celulose, que, naturalmente, pode depositar madeira (lenhina) ou cortiça (subrina), etc. É vista apenas em células maduras e pára o crescimento celular. A sua espessura e resistência são geralmente superiores às da lâmina média e da primeira parede. As células do meristema, epidérmicas, basais, do parênquima e do colênquima quase nunca formam uma segunda parede. Se a segunda parede for espessa, para além de impedir o crescimento celular, pode também levar à morte de células, como as células do esclerênquima e do tecido do xilema. A localização da segunda parede é sob a primeira parede e a superfície externa da membrana celular.

Alguns pontos adicionais

As paredes celulares e a membrana das células dos cloroplastos das plantas e das algas, como o clorênquima e algumas células de guarda do clorênquima e dos estomas, são transparentes, pelo que a luz pode atravessá-las e chegar ao cloroplasto.

As paredes celulares das plantas, tal como as paredes de outros organismos, desempenham um papel na formação da célula, bem como na sua proteção. Também impede a entrada de vírus, viróides e outros agentes patogénicos.

Se a parede celular for danificada por qualquer razão, está aberto o caminho para a entrada de agentes patogénicos. Quando uma célula vegetal viva é infetada por um vírus ou viróide, o vírus ou viróide replica-se no interior da célula vegetal e produz muitos novos vírus ou viróides. Estas novas partículas infecciosas podem chegar às células vegetais vizinhas através dos poros e infectá-las também. A infeção das plantas com vírus vegetais faz-se através de fissuras criadas na parede celular, mas a propagação da infeção de uma célula vegetal para células adjacentes faz-se através de poros e plasmodesmas.

Como mencionado, a placa média e, obviamente, os componentes de outras paredes vão para a membrana celular através das vesículas que saem do aparelho de Golgi e removem os materiais de construção da parede da célula por exocitose. Algumas vesículas de Golgi não possuem o material original de formação da parede. Essas vesículas são colocadas entre outras vesículas na superfície da célula e produzem poros entre duas células vegetais. Além do movimento dos plasmodesmas, a membrana de duas células adjacentes também é conectada uma à outra no local do poro.

Entre duas células vegetais adjacentes, há pelo menos uma lâmina média e no máximo 5 lâminas médias + duas primeiras paredes + duas segundas paredes. Nas células superficiais da planta (epiderme) cuja superfície externa não está em contacto com outra célula, em vez da lâmina média, a camada mais externa forma a primeira parede. Se não considerarmos os buracos na parede, a lâmina média pode ser assumida como quase uniforme. Da mesma forma, a primeira parede é uniforme, exceto nas células do colênquima, e a segunda parede é geralmente completamente desuniforme. Esta não uniformidade da segunda parede pode criar decorações interessantes, por exemplo, no xilema.

Não considerando os poros da parede, pode dizer-se que: O colênquima possui uma primeira parede com espessura não uniforme e a esclereide possui uma segunda parede com espessura não uniforme em relação às demais.

Nas células vegetais maduras, a maior parte da célula é a parede celular (celulose). A celulose é a substância mais orgânica da natureza, que, naturalmente, nenhum animal consegue decompor. Porque não possui o gene da enzima celulase. Apenas algumas bactérias e protozoários têm a capacidade de digerir a celulose. De acordo com a forma, a estrutura e o tipo de parede celular em diferentes plantas, é possível compreender o tipo de tecido e, em alguns casos, o tipo de planta. A primeira e a segunda parede têm geralmente um género fixo e não impedem o crescimento celular. Mas a segunda parede pode ter espessura e material diferentes em diferentes partes.

Se a espessura da segunda parede aumentar, não é compatível com a vida da célula e esta morre.

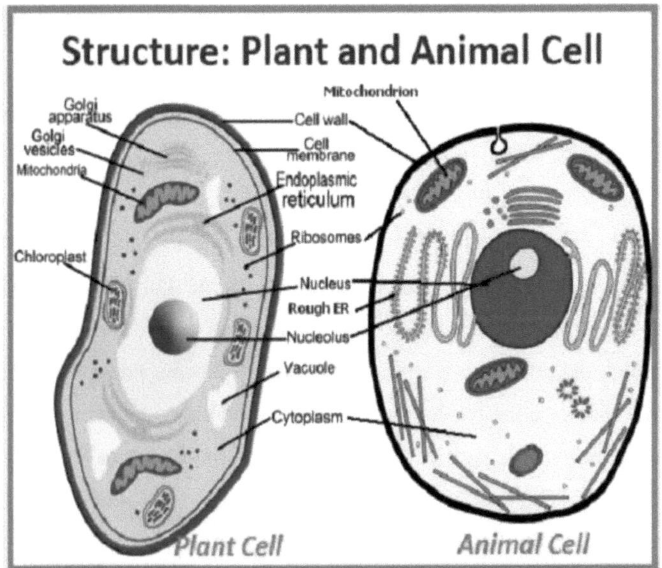

Figura 12. Qual é a estrutura das células vegetais e animais?

Capítulo 4: O desenvolvimento dos tecidos vegetais

Um conjunto de células que desempenham uma tarefa especial como um sistema é chamado de tecido. Da comunidade de tecidos surgem os órgãos e da comunidade de órgãos surgem os seres vivos (plantas). Se as células que formam o tecido são semelhantes em termos de estrutura e função, o tecido é designado por tecido homogéneo.

Tais como o colênquima, o meristema primário e o tecido parenquimatoso da cerca. O tecido heterogéneo é um tecido cujas células constituintes não são idênticas em termos de forma e mesmo de função. Por exemplo, o tecido condutor é constituído por parênquima, vaso lenhoso e vaso floemático. Estes elementos são diferentes em termos de forma e função. Por conseguinte, o tecido condutor é um tecido heterogéneo. A epiderme é também um tecido heterogéneo. Porque, para além das células epidérmicas normais, podem por vezes ser observados pêlos, células de proteção do estoma e células acompanhantes. Para além da divisão acima referida, os tecidos vegetais são divididos nos seguintes grupos com base na estrutura e na ação:

- ❖ Tecido meristemático.
- ❖ Tecido parenquimatoso.
- ❖ Proteção dos tecidos.
- ❖ Tecido de apoio.
- ❖ Tecido condutor.
- ❖ Tecido secretor.

1- Tecido meristemático: Meristema é derivado da palavra grega (meristus) que significa a capacidade de se dividir ou dobrar em dois. Este tecido inclui as células vegetais mais jovens e indiferenciadas, cujas células são capazes de se dividir e produzir células que criam outros tecidos vegetais através da sua diferenciação. Com base na sua origem e localização, os meristemas podem ser divididos em dois grupos: meristema primário e meristema secundário.

A) Meristema primário: Este meristema é também conhecido como o primeiro meristema. A sua origem são normalmente células embrionárias. É claro que deve ser mencionado que, por vezes, é possível que outros tecidos se transformem neste tipo de meristema com o retorno da diferenciação ou desdiferenciação. As células meristemáticas primárias são esféricas, pequenas e indiferenciadas e são capazes de se dividir em quase todas as direcções e normalmente produzem outros meristemas, que criam outros tecidos através da sua diferenciação subsequente. Claro que, por vezes, podem produzir tecidos especiais sem qualquer intermediário. O núcleo das células meristemáticas primárias é grande e de baixa densidade. A relação entre o volume do núcleo e o volume do citoplasma é muito mais elevada do que noutras células.

Estas células têm muito poucos e raros vacúolos, e não se observam nelas substâncias inactivas como alguns cristais, sedimentos, etc. A parede é também muito fina e do tipo original. Os tecidos resultantes da atividade deste meristema são chamados tecidos primários e o crescimento resultante da atividade deste meristema é chamado crescimento primário ou primário. O meristema primário é observado em monocotiledóneas, cotilédones e rododendros. Os meristemas primários dividem-se em tipos: meristema terminal, meristema intermodal e meristema da margem da folha.

A1) Meristema terminal: Está presente na ponta dos órgãos e divide-se em meristema terminal da raiz e meristema terminal do caule. Todos os tipos de tecidos e outros órgãos da planta são produzidos direta ou indiretamente a partir deste meristema.

Meristema terminal da raiz: O meristema terminal da raiz produz todas as partes da raiz. Meristema da ponta da raiz: É constituído por duas partes: a zona de repouso ou centro de repouso e o meristema ativo. A zona de repouso situa-se perto da extremidade. Nesta parte, observa-se a menor divisão celular. O meristema ativo pode ser visto à volta da zona calma, que produz três cilindros meristemáticos aninhados em direção à ponta da raiz do chapéu e para cima. O chapéu é a parte mais terminal da raiz. A função do chapéu é proteger a ponta da raiz, ajudar a raiz a penetrar no solo e ajudar a absorver os catiões do solo. Dos três cilindros meristemáticos produzidos, o cilindro exterior chama-se propódeo, que é a fonte da rizoderme e das fibras de tração. O cilindro interior é designado por meristema subterrâneo e é a origem do parênquima da pele e da endoderme. O cilindro mais central é designado por cilindro procambial, que dá origem ao círculo periférico, ao lenho primário, ao floema primário, à medula e ao câmbio vascular. O próprio círculo ambiental pode dar origem a sub-raízes ou a raízes secundárias. Desta forma, todas as partes da raiz surgem da atividade do seu meristema terminal.

✓ **Meristema terminal do caule:** Foram propostas várias teorias para o meristema terminal do caule. Uma das teorias mais famosas sobre a estrutura desta parte é a chamada teoria da túnica e do corpus.

✓ De acordo com esta teoria, o meristema terminal do caule é constituído por duas partes, a parte superficial denominada túnica e a parte média denominada corpus. De acordo com esta opinião, as células da região da túnica dividem-se frequentemente por periclinação e as células do corpo são capazes de se dividir em todas as direcções. A teoria seguinte, que também é mais aceitável, é designada por teoria de Plant full-Bois ou teoria do anel básico. De acordo com esta teoria, o meristema terminal do caule é constituído por uma parte da casca equivalente à túnica e uma parte da medula equivalente ao corpo. A menor divisão é observada no cérebro e na ponta das células, mas um pouco mais abaixo, numa área semelhante a um anel, ocorre a maior atividade mitótica.

✓ Esta zona é designada por anel basal. O anel basal produz folhas e botões e as partes superficiais do caule. A parte basal do cérebro produz as partes básicas do cilindro central, e a extremidade da região do cérebro é chamada de meristema dormente ou meristema em espera, que é ativado quando o botão vegetativo se transforma em botão reprodutivo, ou seja, quando esta camada floresce. Estudos mostram que o meristema terminal do caule na zona do anel basal com múltiplas divisões cria pequenas saliências chamadas (Leaf buttress). Estas saliências transformam-se numa folha um pouco mais abaixo e num botão lateral no seu ângulo. Por conseguinte, as saliências mencionadas são consideradas como a origem das folhas e dos botões laterais.

A2) Meristema internodal: A partir da atividade do meristema terminal no caule, como mencionado anteriormente, são obtidos três cilindros meristemáticos. Estes meristemas são os produtores de outros tecidos. Nas plantas, durante a produção de outros tecidos, algumas células permanecem como meristemas no entrenó. Estes meristemas, que mais tarde podem provocar o alongamento do entrenó em zonas distantes do alongamento das células do caule, são designados meristemas do entrenó.

A3) Meristema da margem da folha: A origem deste meristema é também o meristema terminal. Porque já vimos que a folha se origina do meristema terminal. Este meristema está presente na margem da folha e com a sua atividade provoca o crescimento e o desenvolvimento da lâmina foliar. O meristema terminal é a origem de toda a planta. Nas secções anteriores, vimos que os meristemas terminais da raiz e do caule produzem todas as diferentes partes da planta. Por isso, a origem de toda a planta pode ser considerada o meristema terminal. Se o meristema terminal for destruído, por vezes alguns tecidos são capazes de se transformar em meristemas e, finalmente, em meristemas terminais através do retorno da diferenciação. Isto é extremamente importante, especialmente em estacas e cortes.

B) Meristema secundário: Outro nome para este meristema é meristema lateral. O meristema secundário é normalmente designado por cambium. Este meristema não existe nas monocotiledóneas e nas criptas vasculares, sendo observado nas dicotiledóneas e nas dicotiledóneas. Este meristema origina-se do meristema primário, com ou sem mediação, e produz tecidos e elementos com a sua atividade, que se designam por elementos ou tecidos secundários ou posteriores. O crescimento resultante da atividade deste meristema é designado por crescimento posterior ou crescimento secundário. Este tecido provoca normalmente o engrossamento dos órgãos com a sua atividade. O meristema secundário divide-se em dois tipos de câmbio vascular e câmbio de cortiça.

B1) Câmbios vasculares: A origem do câmbio vascular é geralmente constituída por células pró-cambiais que derivam do meristema terminal. Com a sua atividade, este câmbio produz floema posterior ou secundário a partir do exterior e madeira posterior ou secundária a partir do interior. A atividade do câmbio vascular é descrita na secção de tecidos condutores e crescimento posterior ou estrutura posterior dos órgãos.

Câmbios de cortiça: este meristema também tem a origem do meristema primário. Desta forma, o câmbio vascular pode surgir a partir do círculo circundante, que por sua vez provém do pró-câmbio que é obtido a partir do meristema primário. Além disso, o colênquima ou o parênquima da pele também podem transformar-se em células semelhantes a meristemas e depois em córtex de cortiça. Porque o colênquima e o parênquima da pele também são derivados do meristema básico. Portanto, o último tecido é obtido a partir do meristema terminal. Portanto, o câmbio do algodão é produzido a partir do meristema primário em qualquer caso. O câmbio da cortiça produz feloderme a partir do exterior da cortiça e da feloderme.

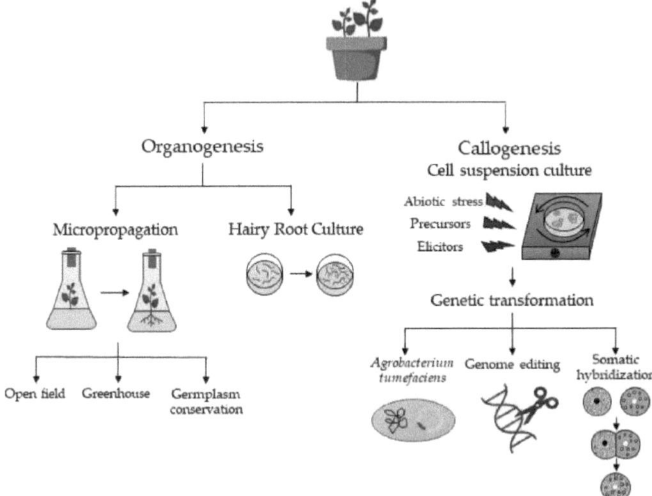

Figura 8. Aplicação da cultura de tecidos de plantas in vitro

Tecido parenquimatoso

Depois dos meristemas, os tecidos mais jovens podem ser introduzidos como parênquima. O parênquima contém células vivas com uma parede primária (pectocelulósica). Estas células são capazes de crescer e são sensíveis à diferenciação inversa. O parênquima tem diferentes funções na planta. Além disso, a forma das suas células é muito diversa. Uma vez que este tecido inclui outros tecidos da planta e está presente em quase todas as áreas do caule e da raiz, também é chamado de tecido de fundo. A parede das células parenquimatosas é geralmente pectocelulósica, mas raramente é possível que esta parede se torne lenhosa.

Por conseguinte, o parênquima pode ser dividido em dois grupos, o parênquima celulósico e o parênquima lenhoso, com base no tipo de parede. Com base na estrutura e na função, o parênquima divide-se em dois grupos: parênquima com clorofila ou clorênquima e parênquima sem clorofila.

1- Parênquima clorofilado: as células desse tecido possuem cloroplastos e, por isso, são vistas na cor verde, e sua função é produzir açúcares (fotossíntese) e outras substâncias. Esse tecido pode ser visto nas áreas verdes da planta e, com base na forma das células formadas, é dividido em parênquima paliçádico, parênquima esponjoso e parênquima sinovial.

2- Parênquima em cercadura: O parênquima de cercadura também é chamado de parênquima de escada. Este tecido é constituído por células longas e compridas que se situam sob a epiderme superior da folha, dentro de cada célula deste tecido, podem existir mais de uma centena de cloroplastos. Nas folhas das plantas aquáticas, o parênquima de cercadura geralmente não é visto, e nas xerófitas, é possível ver várias camadas de parênquima de cercadura na folha.

3- Parênquima esponjoso: Há parênquima oco ou esponjoso sob o parênquima cercado. Nestas células também são observados cloroplastos. Entre as células deste tecido, há muitos espaços. A soma dos tecidos parenquimatosos esponjosos e do cerco da folha, que se situam entre a epiderme superior e a inferior, é denominada mesofilo. No local dos estomas no parênquima esponjoso, existe um espaço sem células chamado câmara abaixo dos estomas.

4- Parênquima sinusoidal: Este parênquima é constituído por células com uma parede sinusoidal, que raramente é observada entre elas. Estas células também possuem cloroplastos. O parênquima sinusoidal pode ser observado nas folhas de plantas de pinheiro escuro (Pinaceae), como o pinheiro, o cedro, etc.

5- Parênquima sem clorofila: as células deste tecido não possuem cloroplasto e, consequentemente, clorofila. O parênquima sem clorofila tem vários tipos, dos quais apresentamos dois exemplos.

A) Parênquima aéreo (Aerenchym): o parênquima aéreo ou parênquima armado é constituído por células armadas ou em forma de estrela que existem nos canais aéreos do caule de algumas plantas que têm raízes na água. A função dos canais aéreos é fornecer oxigénio às partes submersas, ou seja, às partes que estão na água. O parênquima armado nestes canais impede o colapso dos mesmos, pelo que, apesar da presença de muitos poros, não impede a passagem do ar nos canais e protege estes canais de serem esmagados e fechados.

B) Parênquima de armazenamento: As células deste tecido são geralmente grandes e esféricas ou de outras formas e armazenam vários materiais. Uma substância de armazenamento pode ser armazenada no citoplasma, ou na membrana, ou na parede, ou no vacúolo, ou nos plastídeos deste parênquima. O parênquima de armazenamento pode ser observado em órgãos de armazenamento como tubérculos de batata, caules, rizomas, raízes e partes carnudas de frutos.

C) Tecido de proteção: Este tecido é um tecido relativamente ou completamente superficial cuja função é proteger outros tecidos abaixo dele. O tecido protetor inclui dois grupos: a epiderme e a cortiça.

Comparação dos tecidos do parênquima, colênquima e esclerênquima em plantas

Tal como existem 4 tipos de tecidos nos animais, também temos 3 tipos de tecidos nas plantas, que são conhecidos pelos seguintes nomes

- ❖ Capa
- ❖ Contextual.
- ❖ Vascular.

O tecido de fundo das plantas divide-se em três tipos: parênquima, colênquima e esclerênquima. Estes três tipos de tecido de fundo são conhecidos em farsi por outros nomes:

- ✓ Parênquima = Tecido da acne.
- ✓ Colênquima = Cola para acne.
- ✓ Esclerênquima = Acne dura.

As suas funções e caraterísticas

No quadro seguinte, analisámos as suas caraterísticas:

Texture type	Description
parenchyma	1- Parenchyma is known as the underlying plant tissue. 2- Parenchymal cells are found in various plant organs, including skin, brain, brain ray, root layer, juicy parts of fruits, endosperm of seeds and stems. 3- The roles of parenchyma include food storage, photosynthesis and sometimes secretion.
Klan shim	1- Clanchyma is a tissue that is responsible for the strength and resistance of plant organs, especially young growing organs such as leaves, petioles and growing stems. 2- The cells of the collenchyma tissue are alive like the cells of the parenchyma tissue and help strengthen the organs.
sclerenchyma	1- Sclerenchyma is a tissue that plays a role in strengthening and stiffening plant organs. 2- Sclerenchyma cells have thick and woody cell walls. 3- The role of sclerenchyma is to strengthen stems, roots and other organs.

Calço Klan

O colênquima é um tecido responsável pela força e resistência dos órgãos vegetais, especialmente dos órgãos jovens em crescimento, como as folhas, os pecíolos e os caules em crescimento. De facto, o papel mais importante do colênquima é o fortalecimento. As células do tecido do colênquima são vivas como as células do tecido do parênquima. Assim, o seu protoplasma permanece mesmo durante a maturidade, mas em comparação com as células parenquimatosas, a parede celular é mais espessa e mais longa. O comprimento destas células é geralmente superior a 2 mm. Na parede celular, também existem células de colênquima lans. As células clanquimáticas têm formas esféricas, multifacetadas e alongadas. Com base na forma das células, este tecido também pode conter espaços intercelulares.

Tecido de colênquima

As células de colênquima mais pequenas assemelham-se a células de parênquima e as células de colênquima mais longas assemelham-se a fibras. A parede celular das células do colênquima é principalmente irregular em espessura, rica em pectina e hemicelulose e contém muita água. A parede pectocelulósica das células do colênquima é flexível e maleável e não impede o crescimento do órgão. Portanto, a força do alongamento dos órgãos é responsável pelo colênquima. As paredes celulares das células do colênquima podem ser espessadas devido à deposição abundante de lignina e transformadas em tecido de esclerênquima.

Embora a parede do colênquima em si não tenha lignina, ou pode tornar-se fina e transformar-se no tecido de fusão do meristema. Devido à presença de cloroplastos, as células do colênquima são capazes de realizar a fotossíntese e também podem desempenhar um papel no armazenamento de materiais. O tecido do colênquima encontra-se principalmente nas pétalas, folhas, pecíolos e caules jovens e herbáceos.

Nestes órgãos, o colênquima está geralmente localizado sob a epiderme, especialmente na hipoderme e à volta dos feixes vasculares em ambos os níveis das veias. No entanto, no tronco do amor, o colênquima é visto nas partes profundas da pele, que neste caso pode ser considerada como uma bainha vascular. O tecido de colênquima, que se encontra sob a epiderme em forma de cilindro, é responsável pela maior parte da sustentação do órgão.

Na estrutura anatómica dos órgãos das plantas, o tecido do colênquima pode ser visto de forma uniforme ou em massa.

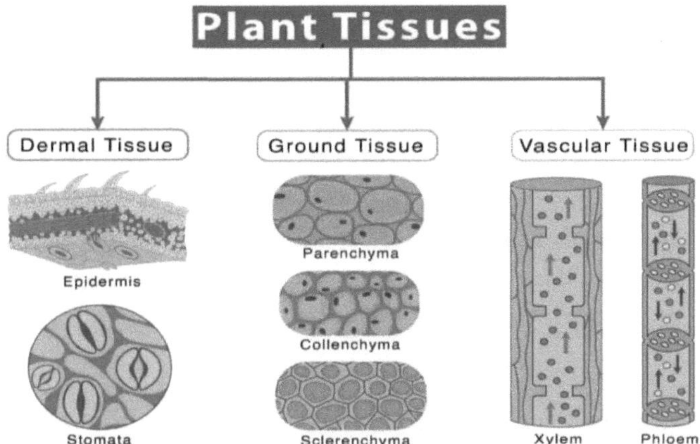

Figura 9. Tecidos vegetais

No primeiro grupo, podemos mencionar o caule do girassol e, no segundo grupo, o caule da abóbora. Normalmente, as células localizadas na parte central deste tecido são mais longas do que as células circundantes. A razão para isso é a divisão longitudinal do tecido do colênquima, que é feita do centro para fora. Por isso, as células da parte central são mais velhas e mais compridas. O colênquima nos caules e raízes subterrâneos, bem como nos caules e folhas das monocotiledóneas, devido ao desenvolvimento do esclerênquima nas primeiras fases de desenvolvimento, está ausente ou a sua quantidade é muito reduzida. O colênquima é diferenciado das células meristemáticas subjacentes e, em alguns casos, do procâmbio.

Caraterísticas das células clanchy

Em suma, três caraterísticas importantes podem ser atribuídas às células clanchy:

✓ Têm uma parede celulósica.
✓ São flexíveis.

Tipos de clãs

Os sinos de clã não têm muita diversidade estrutural, mas com base na espessura da parede celular, podem distinguir-se quatro tipos de sinos de clã:

1- Colênquima angular: o espessamento das paredes celulares neste colênquima, que é o tipo mais comum de colênquima em órgãos vegetais, ocorre nos cantos ou ângulos das células. Normalmente não existem espaços intercelulares entre as células deste tecido. Este tipo de colênquima pode ser observado no caule da abóbora, taturana, begónia e caule do tomateiro.

2- Colênquima largo ou em lençol: Neste tipo de colênquima, o espessamento é feito mais nas paredes longitudinais e tangenciais e em menor grau nas paredes radiais, como nos caules jovens de aqti, tatore e jujuba.

3- Colênquima esférico ou oco: este tipo de colênquima tem grandes espaços intercelulares que são o lugar da espessura das paredes em torno destes espaços. Este tipo de colênquima pode ser observado nas raízes aéreas das folhas de figueira e nos caules de áster erg, sálvia, queijo e khamti.

4- Colênquima anular: o espessamento é feito em todas as partes da parede celular, como nas folhas de oleandro e umbela. Parece que o espessamento de diferentes partes da parede celular em todos os tipos de colênquima está associado ao fenómeno de aumento da formação de microfibrilas.

Diferença entre células do parênquima e do colênquima

- ❖ O armazenamento, a secreção e a fotossíntese nas plantas são efectuados pelas células do parênquima. Por outro lado, as células do colênquima ajudam a transportar e distribuir diferentes nutrientes para todas as partes da planta.

❖ As células do parênquima estão espalhadas por toda a planta, como os caules das folhas, enquanto as células do colênquima são vistas nos caules jovens.

❖ O parênquima não é uma célula especializada, enquanto as células do colênquima são muito específicas e especializadas.

❖ As paredes das células do parênquima são relativamente finas em comparação com as células do colênquima e a parede celular tem uma camada espessa à sua volta.

❖ A celulose é o principal componente da parede celular das células do parênquima, enquanto as células do colênquima apresentam a pectina e a celulose como principais componentes da sua parede celular.

Informação intracelular eficaz no desenvolvimento

A diferenciação celular ou transformação celular é um processo durante o qual as células passam para um nível superior em termos de caraterísticas funcionais. Durante o crescimento e desenvolvimento de um organismo multicelular, o processo de transformação ocorre várias vezes.

Em biologia evolutiva, a transformação celular é um processo em que uma célula muda de uma espécie para outra. Mais de uma célula muda para uma forma mais específica. O processo de transformação ocorre várias vezes durante o desenvolvimento de um organismo multicelular que passa de um simples zigoto (célula-ovo) para um conjunto complexo de tecidos e tipos de células. A transformação continua durante a idade adulta. Algumas mutações ocorrem em resposta à exposição a antigénios.

A transformação altera drasticamente o tamanho, a forma, o potencial de revestimento, a atividade metabólica e a resposta aos sinais (sinais) na célula. Estas transformações devem-se sobretudo a reformas muito restritas na expressão genética e ao extenso tema de estudo da epigenética. Por conseguinte, células diferentes podem ter caraterísticas físicas muito diferentes, apesar de terem o mesmo genoma.

Existem diferentes níveis de capacidade de uma célula para se diferenciar noutros tipos de células. Uma célula que pode diferenciar-se em todos os tipos de células de um organismo adulto é chamada pluripotente. Estas células são chamadas células meristemáticas nas plantas superiores e células estaminais embrionárias nos animais. A indução da expressão de quatro factores de transcrição Oct4, Sox2, c-Myc e Kfl4 (factores Yamanaka) por um vírus é suficiente para criar células pluripotentes (iPS) a partir de fibroblastos adultos.

Investigações sobre a interação celular em meios de cultura de diferenciação

Investigar os efeitos de diferentes células no processo de diferenciação de outras células e fornecer modelos para investigar estas interações, que podem ser um indicador do nicho ou do ambiente das células em condições invivo, pode ser uma das questões importantes a investigar no final.

Mestrados e doutoramentos no domínio das ciências da biologia celular e molecular no domínio do tratamento do cancro e da medicina regenerativa. As interações no interior de uma população de células (homotípicas) e entre diferentes tipos de células (heterotípicas) são essenciais para o crescimento, a reparação e a homeostase dos tecidos. Para elucidar os mecanismos básicos destas interações celulares, foram amplamente concebidos modelos de co-cultura para investigar o papel do contacto físico célula-célula e das interações autócrinas ou parácrinas na função celular, bem como na diferenciação das células estaminais.

Em particular, o modelo de co-cultura mista é muitas vezes ideal para interpretar os efeitos do contacto célula-célula no comportamento celular in vitro, enquanto a co-cultura indireta pode ser utilizada para estudar os efeitos da sinalização parácrina nas respostas celulares. Além disso, o contacto célula-célula pode ser controlado através da criação de barreiras físicas para regular os padrões de distribuição espacial e temporal de diferentes populações de células em co-cultura.

Na medicina regenerativa, existe um grande interesse em investigar a natureza e as consequências da interação entre as MSC e as populações de células residentes num determinado tecido ou no local da reparação, devido ao seu potencial para se diferenciarem numa série de linhagens de MSC que se tornaram uma fonte de células clinicamente aplicável à engenharia de tecidos e à medicina regenerativa. No entanto, os mecanismos de interação entre estes tipos de células continuam por explorar. Por esta razão, os títulos de investigação centrados no desenvolvimento de sistemas de modelos laboratoriais para identificar estas interações podem ajudar os investigadores a investigar o papel da comunicação celular na formação e regeneração de tecidos.

Até hoje, a maioria dos modelos de navios pode ser classificada em dois tipos

 ✓ Modelos que investigam os efeitos do contacto direto célula-célula em populações de células em co-cultura.

 ✓ Modelos que se centram na sinalização parácrina e na resposta a factores de sinalização solúveis.

Estes estudos podem ser efectuados em escalas relativamente grandes ou pequenas. O modelo mais simples para investigar os efeitos do contacto célula-célula envolve a mistura de dois tipos de células e a subsequente plantação de uma monocamada desta população mista. Neste modelo, a densidade de cultura de cada tipo de célula é importante. Nos estudos em que os efeitos da sinalização parácrina são de interesse, pode ser utilizado um sistema de co-cultura separado.

Isto é feito através do crescimento de populações celulares específicas separadamente e, em seguida, da cultura de ambos os tipos de células num meio de diferenciação sem contacto direto com a outra célula. Isto pode ser conseguido através da formação de uma barreira física ou membrana entre todos os tipos de células, o que, para além da possibilidade de troca de factores solúveis e factores de crescimento entre as células, impede o contacto célula-célula.

Uma das ferramentas para separar os poços é o Trans well, que contém um cesto nos poços da placa que separa as duas categorias. Uma das vantagens deste sistema é que a análise de cada população de células resultante da co-cultura pode ser facilmente determinada. Estas alterações obtidas na expressão de genes e proteínas e o exame das alterações morfológicas das células no estado de co-cultura e no estado em que são cultivadas individualmente, podem ser um indicador para medir as interações celulares que pode ser utilizado como um tema novo e atrativo em investigações e teses de mestrado e doutoramento.

Células estaminais e seus tipos

As células estaminais são capazes de criar qualquer tipo de célula do corpo. Sob a influência de algumas condições fisiológicas ou laboratoriais, podem transformar-se em células com funções específicas, como as células do músculo cardíaco ou as células produtoras de insulina no pâncreas. As células estaminais são células que têm um elevado poder de divisão e diferenciação e são capazes de formar diferentes tipos de células do corpo.

Estas células podem facilitar o tratamento e a reparação de tecidos e órgãos. Podem ser muito úteis em vários domínios da medicina, como o tratamento de doenças raras e crónicas, a regeneração de partes do corpo e a investigação biológica. As células estaminais podem ser obtidas a partir de diferentes fontes, como o embrião, o cordão umbilical e tecidos de adultos. Utilizando técnicas avançadas, esperamos aproveitar o poder único destas células para melhorar a saúde humana e a qualidade de vida.

Definição de células estaminais e sua classificação

As células estaminais referem-se às células do corpo que ainda não foram diferenciadas e não estão equipadas para um trabalho especial. Estas células são auto-replicantes e têm a capacidade de se diferenciar e transformar noutros tipos de células do corpo. Esta caraterística das células estaminais atraiu a opinião de vários especialistas, pelo que é feita uma extensa investigação a este respeito. Atualmente, as células estaminais são a primeira esperança para a reparação de tecidos danificados e, talvez no futuro, para a construção de órgãos humanos. Em geral, as células estaminais têm duas caraterísticas principais:

- ❖ Poder de reprodução ilimitado.
- ❖ Pluripotência.

Por outras palavras, estas células são capazes de criar diferentes tipos de células em ambiente laboratorial. De acordo com a sua origem, as células estaminais dividem-se em duas categorias:

✓ Células estaminais embrionárias que são retiradas das fases iniciais da formação do embrião.

✓ As células estaminais adultas ou células estaminais mesenquimais são obtidas após o nascimento de uma pessoa, especialmente a partir da medula óssea.

História da produção e utilização de células estaminais

As tentativas de utilização de células estaminais embrionárias começaram há cerca de 20 anos com trabalhos em animais, especialmente em ratos de laboratório. Durante esses anos, foram realizadas muitas experiências para transformar células estaminais embrionárias de ratinho em vários tipos de células e para as transplantar, o que conduziu a sucessos significativos.

Para além desta questão, as células estaminais humanas também foram consideradas, até que finalmente em 1998, o primeiro relatório bem sucedido sobre a multiplicação e diferenciação de células estaminais embrionárias humanas foi publicado na América, mas devido à ocorrência de algumas limitações na produção e utilização de células estaminais embrionárias nos últimos anos, começou uma nova onda de investigação sobre células estaminais adultas, que ainda está em curso. O Irão é conhecido como um dos poucos países que produzem células estaminais embrionárias.

A tecnologia de produção e cultivo de células estaminais embrionárias é um trabalho novo no mundo, pelo que, após a descoberta das células estaminais embrionárias de ratinho em 1981, as primeiras células estaminais embrionárias humanas foram propagadas em 1998. Entretanto, depois de vários países avançados, como a América, Austrália, Israel, Singapura, Inglaterra, Japão, Suécia, Índia e Coreia do Sul, que conseguiram a tecnologia de reprodução e criação destas células, o Irão é um dos poucos países que o conseguiram. foi encontrado e, por isso, o fosso entre o nosso país e outros países líderes nesta matéria não é tão grande.

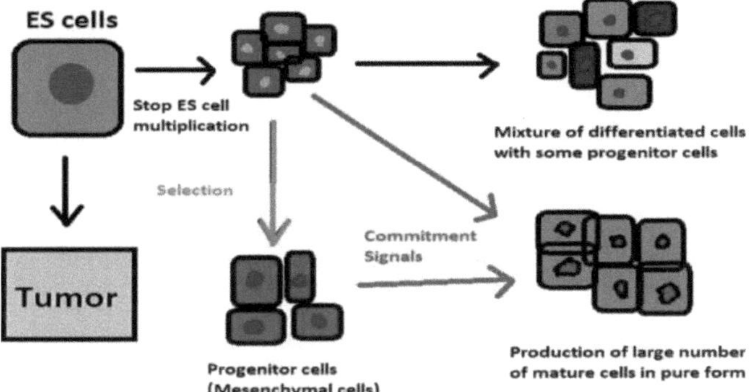

Figura 10. Células estaminais: passado, presente e futuro

Caraterísticas das células estaminais

As células estaminais são diferentes dos outros tipos de células do corpo. Entre as caraterísticas comuns destas células:

❖ A capacidade de se multiplicar e aumentar o seu número durante muito tempo.

❖ As células estaminais são capazes de se dividir e produzir outras células. Esta capacidade madura de proliferar e criar grandes populações de células, bem como de reparar tecidos danificados, tem um valor inestimável.

❖ As células estaminais são capazes de se dividir e de se renovar durante muito tempo. Um fenómeno que não se observa naturalmente nas células musculares, sanguíneas ou nervosas, mas as células estaminais realizam esta ação repetidamente. Quando o ato de reprodução ocorre durante muito tempo, chama-se proliferação.

❖ Uma população inicial de células estaminais que começa a proliferar pode dar origem a milhões de células. Agora, se estas células não forem especializadas como as células-mãe primárias, diz-se que estas células são capazes de se auto-renovar a longo prazo.

Renovação

A capacidade de renovação são células indiferenciadas que têm a capacidade de se reproduzirem indefinidamente e de permanecerem num estado indiferenciado.

A capacidade de se diferenciar e se transformar em células especializadas

As células estaminais são capazes de criar qualquer tipo de célula do corpo. Sob a influência de algumas condições fisiológicas ou laboratoriais, podem transformar-se em células com funções específicas, como as células do músculo cardíaco ou as células produtoras de insulina no pâncreas, etc. Nos últimos anos, tem sido feita muita investigação sobre a possibilidade de transformar as células estaminais de um tecido específico em células especializadas de um tecido completamente diferente. Este processo é designado por plasticidade.

Por exemplo, transformar as células estaminais da medula óssea em neurónios, ou transformar as células estaminais do fígado em células produtoras de insulina, ou transformar as células hematopoiéticas em células do músculo cardíaco. Depois de receberem determinadas mensagens químicas, estas células podem diferenciar-se ou tornar-se células especializadas com funções específicas. A função destas células no corpo é multiplicarem-se durante as perturbações e doenças e fornecerem novas células ao tecido, o que constitui a base da terapia celular. Um processo no qual células não especializadas se tornam células especializadas de um tecido.

Este fenómeno é influenciado por sinais internos e externos, o que tem concentrado uma parte importante da investigação dos cientistas actuais. Os sinais internos determinam as caraterísticas estruturais e a função de uma célula, codificando a informação necessária numa cadeia de ADN, mas os sinais externos são sinais que têm uma origem extracelular e incluem substâncias químicas segregadas, contacto físico com células vizinhas e moléculas. São especiais no ambiente microscópico que rodeia a célula (microambiente).

Propriedades terapêuticas

As células estaminais são terapêuticas, o que significa que podem multiplicar-se e persistir em ambiente laboratorial. Esta caraterística permite-nos obter uma grande quantidade de células estaminais e utilizá-las para aplicações terapêuticas.

Relutância em fazer distinções definitivas

Normalmente, as células estaminais não se dividem em células especializadas nas fases iniciais da sua divisão e podem permanecer num estado designado por estado blástico. Esta situação permite-lhes diferenciar-se e transformar-se nas células necessárias, se necessário.

O menos suscetível de ser rejeitado pelo sistema imunitário

As células estaminais são menos afectadas pelo sistema imunitário do que outras células. Isto significa que, se as células estaminais forem utilizadas para tratar doenças e reparar tecidos, a possibilidade de serem rejeitadas pelo sistema imunitário do organismo é menor. As propriedades únicas das células estaminais oferecem muitas possibilidades de tratamento de doenças e de investigação biológica. Ao tirar partido da sua capacidade de divisão e diferenciação, esperamos melhorar a saúde humana de uma forma mais eficaz e inovadora.

Tipos de células estaminais e como são formadas

Inicialmente, os cientistas trabalharam com dois tipos de células estaminais obtidas de animais e de seres humanos, incluindo células estaminais embrionárias e células estaminais adultas, que têm funções e caraterísticas diferentes.

Células estaminais embrionárias: Há mais de 20 anos, os cientistas conseguiram isolar células estaminais do embrião inicial do rato e, após anos de estudo dos pormenores da biologia das células estaminais do rato, em 1998, os cientistas conseguiram isolar células estaminais embrionárias de embriões humanos. Estas células foram cultivadas em ambiente laboratorial e foram denominadas células estaminais embrionárias humanas. Estas células, como o próprio nome indica, são obtidas a partir de embriões com quatro ou cinco dias de idade, fertilizados a partir de óvulos de laboratório, e são cultivadas em ambiente laboratorial, num meio de cultura especial.

Origem das células estaminais embrionárias: As células estaminais embrionárias são retiradas da massa celular interna na fase de blastocisto. O blastocisto é uma das fases do período embrionário, que é morfologicamente semelhante a uma bola oca. As células que rodeiam esta bola são os trofoblastos (Trophoblast) que formam a placenta. No interior desta bola, acumularam-se várias células que, nas fases seguintes, se transformarão num embrião. Se esta massa celular interna for removida e cultivada em ambiente laboratorial, são criadas células estaminais embrionárias, mas ainda não é claro se esta massa celular interna é a fonte das células estaminais embrionárias ou se o processo mencionado é o resultado das condições ambientais e da massa celular interna no ambiente laboratorial. Estas células produzem outras células que se transformam em células estaminais embrionárias.

Células estaminais adultas: As células estaminais adultas são células indiferenciadas que se encontram entre as células diferenciadas dos tecidos e órgãos do corpo humano e têm a capacidade de se renovar e diferenciar nas principais células especializadas do tecido ou órgão. Os principais papéis destas células num órgão vivo incluem o suporte e a reparação dos tecidos que delas derivam. Os cientistas obtiveram células estaminais adultas em mais tecidos do que pensavam.

Estas descobertas levaram os cientistas a utilizar estas células na ciência dos transplantes. Passaram já mais de 30 anos desde a utilização de células estaminais hematopoiéticas adultas que são separadas da medula óssea para transplante. Em 1960, os investigadores descobriram que a medula óssea contém pelo menos dois tipos de células estaminais, que incluem as células estaminais hematopoiéticas, que produzem todos os tipos de células sanguíneas do corpo, e as células estromais, que podem dar origem a cartilagem, osso, gordura e outros tecidos.

Acumular fibrose no corpo. Na década de 1960, cientistas que estudavam ratos descobriram duas regiões do cérebro do rato que continham células em divisão que se tornariam neurónios. Contrariamente a estes relatórios, a maioria dos cientistas acreditava que não era possível produzir novas células nervosas no cérebro adulto, até que, em 1990, os cientistas concordaram que o cérebro adulto contém células estaminais que têm a capacidade de produzir três tipos principais de células cerebrais, incluindo astrócitos e oligodendrócitos. têm (células não-neuronais) e neurónios (células neuronais). As células estaminais adultas foram isoladas em muitos órgãos e tecidos do corpo, mas o ponto importante é que existe um número muito limitado destas células em cada tecido, que permanecem numa determinada área desse tecido durante anos, até emergirem Ativar doenças ou danos nos tecidos.

Os tecidos em que se encontram as células estaminais adultas são: medula óssea, sangue periférico, cérebro, vasos sanguíneos, polpa dentária, músculo esquelético, pele, fígado, pâncreas, córnea, retina, sistema digestivo. Em muitos laboratórios, os cientistas estão a tentar transformar as células estaminais adultas em tipos específicos de células em cultura celular, a fim de as utilizar no tratamento de doenças e lesões dos tecidos. As potencialidades terapêuticas destas células incluem: substituição de células produtoras de dopamina no cérebro na doença de Parkinson, produção de células produtoras de insulina para a diabetes tipo 1 e reparação de células musculares danificadas.

Origem das células estaminais adultas: Tal como o seu nome indica, as células estaminais adultas são retiradas de uma pessoa após o nascimento. Por exemplo, estas células podem ser obtidas a partir do tecido da medula óssea de uma pessoa saudável. Claro que, com base em descobertas recentes, há quem acredite que cada tecido tem as suas próprias células estaminais. Por exemplo, sabe-se que o coração, o cérebro e os músculos esqueléticos têm cada um as suas próprias células estaminais e que todas estas células estão presentes no corpo de um adulto.

Por exemplo, as células estaminais cardíacas concentram-se principalmente na zona do ápice do coração e as células estaminais cerebrais concentram-se principalmente na parede dos ventrículos do cérebro. No entanto, não é claro qual é exatamente a origem destas diferentes células estaminais e se a origem de todas elas são as mesmas células da medula óssea, cada uma das quais migra para um órgão específico e se torna a sua célula estaminal específica, ou se existe outra origem para elas.

Células estaminais do cordão umbilical: As células estaminais do cordão umbilical são outras células poderosas que, tal como as células estaminais adultas, são capazes de produzir vários tipos de células em ambiente laboratorial. No cordão umbilical, existem dois tipos de células estaminais que são capazes de produzir células sanguíneas e células ósseas e adiposas, sendo também consideradas como um substituto das células da medula óssea na ciência do transplante de medula óssea.

Células estaminais da medula óssea: Em 1960, os investigadores descobriram que a medula óssea tem pelo menos dois tipos de células estaminais:

A) Células estaminais hematopoiéticas: que produzem todos os tipos de células sanguíneas do corpo.

B) Células estromais: que podem produzir cartilagem, osso, gordura e tecidos conjuntivos no corpo.

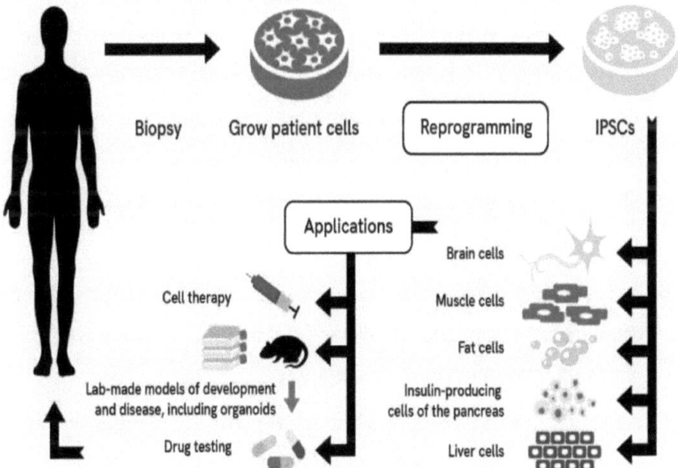

Figura 11. O que é a investigação em células estaminais?

Qual é a necessidade de investigação sobre células estaminais?

As células estaminais são capazes de criar qualquer tipo de célula indefinidamente, o que levou à fantástica utilização destas células na ciência dos transplantes. Além disso, estas células podem ser modificadas geneticamente para não serem eliminadas após o transplante. Os trabalhos realizados até à data neste domínio são:

- ❖ As células do músculo cardíaco não têm a capacidade de se multiplicar durante a idade adulta, e quando o referido tecido é danificado por lesão ou isquemia, o tecido inativo substitui as células activas do músculo cardíaco. As células estaminais fetais têm a capacidade de se transformar em células do músculo cardíaco, que podem ser utilizadas no tratamento de ataques cardíacos, que são a principal causa de danos no músculo cardíaco, e também em casos de doenças cardíacas congénitas.

- ❖ As células estaminais hematopoiéticas são utilizadas na ciência do transplante de medula óssea para tratar algumas doenças do sangue, como a talassemia, bem como cancros de adultos e crianças, que têm sido utilizadas no Irão desde 1371 no Centro de Hematologia, Oncologia e Transplante de Medula Óssea situado no Hospital Shariati. É efectuada na Universidade de Ciências Médicas de Teerão e na Universidade de Ciências Médicas de Shiraz.

- ❖ As células produtoras de insulina são obtidas a partir de células estaminais embrionárias humanas e de ratinho, o que pode representar um avanço no tratamento da diabetes.

- ❖ As células nervosas são obtidas a partir de células estaminais embrionárias, que podem ser utilizadas no tratamento de doenças degenerativas do sistema nervoso, como a doença de Parkinson ou a doença de Alzheimer.

❖ As células da pele são obtidas a partir de células estaminais embrionárias, que podem ser utilizadas para tratar queimaduras e curar feridas.

❖ Transformação de células estaminais em células formadoras de cartilagem e de osso.

❖ Transformação de células estaminais em células hepáticas.

❖ Produção de tubo digestivo a partir de células estaminais.

A diferenciação de células estaminais embrionárias em vários tipos de células funcionais em ambiente laboratorial ajuda-nos a compreender os mecanismos de formação do embrião, diferenciação e reparação de tecidos, o que conduz ao melhor tratamento possível de anomalias congénitas e à redução de anomalias congénitas e à produção de vários produtos de factores de crescimento.

Como se formam as células estaminais

No início da década de 1980, os cientistas conseguiram isolar células estaminais de embriões de ratos. A maioria destes cientistas acreditava que não era possível produzir novas células nervosas no cérebro adulto, até que, em 1990, os cientistas concordaram que o cérebro adulto contém células estaminais capazes de produzir três tipos principais de células cerebrais, células não-neuronais e células nervosas.

As células estaminais adultas foram isoladas em muitos órgãos e tecidos do corpo, mas o importante é que existe um número muito limitado destas células em cada tecido, numa determinada área do mesmo. Os tecidos permanecem adormecidos durante anos e são activados com o aparecimento de doenças ou danos nos tecidos. Os tecidos onde se encontram as células estaminais adultas incluem a medula óssea, o sangue periférico, o cérebro, os vasos sanguíneos, a polpa dentária, o músculo esquelético, a pele, o fígado, o pâncreas, a córnea, a retina e o sistema digestivo.

Em 1998, os cientistas conseguiram isolar células estaminais embrionárias humanas e cultivá-las em ambiente laboratorial, tendo-lhes dado o nome de células estaminais embrionárias humanas. Como o nome sugere, estas células são obtidas a partir de embriões com 3 a 5 dias de idade, fertilizados a partir de óvulos de laboratório e cultivados em ambientes especiais. O embrião de 3-5 dias é chamado blastocisto.

Um blastocisto é uma massa constituída por 100 ou mais células. As células estaminais são as células internas de um blastocisto que acabam por se tornar uma célula, um tecido ou um órgão do corpo. Os cientistas separam as células estaminais do blastocisto e cultivam-nas numa placa de Petri no laboratório. Depois de as células se terem multiplicado várias vezes e a sua quantidade exceder a capacidade do recipiente de cultura, são retiradas desse recipiente e colocadas em vários recipientes, o que se designa por passagem.

As células estaminais embrionárias que foram cultivadas durante vários meses sem diferenciação são chamadas linhas de células estaminais. É mais difícil trabalhar com células estaminais adultas. Porque é mais difícil extraí-las e cultivá-las do que as células estaminais embrionárias. No entanto, um dos obstáculos à utilização de células estaminais embrionárias é a sua rejeição pelo sistema imunitário. Se as células estaminais embrionárias doadas a um doente forem injectadas, o sistema imunitário do doente pode considerar estas células como invasores estranhos e atacá-las, mas a utilização de células estaminais adultas reduz em certa medida este problema. Porque o sistema imunitário do doente não rejeita as células estaminais do próprio doente.

Tipos de células estaminais em termos da capacidade de reprodução e diferenciação

As células estaminais dividem-se nos seguintes tipos, com base na sua capacidade de reprodução e diferenciação:

1- Células estaminais TOTIPOTENTES: estas células podem mudar e transformar-se em qualquer tipo de célula do corpo. Entre estas células encontram-se os óvulos fertilizados ou as células produzidas nas divisões de um óvulo fertilizado.

2- Células estaminais PLURIPOTENTES: Estas células, que têm origem nas células estaminais embrionárias, são criadas cerca de 4 dias após a fertilização e podem transformar-se em qualquer tipo de célula, exceto as células estaminais pluripotentes e as células placentárias são transformadas e diferenciadas.

3- Células estaminais MULTIPOTENTES: Estas células têm origem em células estaminais pluripotentes e delas derivam células especializadas. Por exemplo, as células estaminais hematopoiéticas que existem na medula óssea podem transformar-se em todos os tipos de células do sangue.

4- Células estaminais UNIPOTENTES: este tipo de células só pode transformar-se num tipo de célula e produzi-la.

Utilização de células estaminais

Um aspeto muito importante a ter em conta é que, atualmente, a única utilização potencial das células estaminais é a construção de várias células e, em certa medida, de tecidos. Por outras palavras, atualmente, as células estaminais (adultas e embrionárias) só podem ser utilizadas para reparar tecidos e órgãos danificados. Numa frase, a utilização atual mais importante das células estaminais é a terapia celular, e a ideia de que as células estaminais podem ser utilizadas para produzir órgãos como o coração, o fígado, os rins, etc., é errada, pelo menos na situação atual.

A produção de órgãos requer condições muito complexas que, atualmente, os seres humanos não têm à sua disposição. Porque para este efeito, as células devem ser primeiro cultivadas.

Em segundo lugar, as células que estão no fundo da cultura celular devem ser alimentadas. Ou seja, a cultura e a alimentação das células devem ser feitas a uma escala tridimensional, o que atualmente não é possível. É claro que, nos próximos anos, isso poderá ser possível. Entre as potenciais utilizações destas células no método de terapia celular, podemos mencionar a reparação de tecidos danificados do corpo, como a cartilagem, o fígado, o músculo, etc., o que pode aumentar o âmbito de utilização das células estaminais no futuro. As células estaminais podem ser utilizadas para regenerar células ou tecidos que tenham sido danificados por doenças ou lesões. Este tipo de tratamento é conhecido como terapia celular. Uma das aplicações potenciais deste método de tratamento é a injeção de células estaminais embrionárias no coração para regenerar as células que foram danificadas por um ataque cardíaco. Recomenda-se a utilização do transplante de células do cordão umbilical como método auxiliar para pessoas que se encontram em fases críticas de doença cardíaca e que estão à espera de receber um transplante de coração. Com base nisto, foi proposta no mundo a ideia de recolher uma amostra das células do cordão umbilical de cada pessoa no início do nascimento e guardá-las para os anos seguintes.

Com esta operação, o doente tem mais hipóteses de sobreviver até receber o coração. Este método é especialmente importante em doentes idosos cujas células estaminais da medula óssea não são suficientes para o transplante. Por isso, atualmente, na maioria dos países, foram criados bancos especiais para isolar e armazenar as células estaminais do cordão umbilical dos bebés. As células estaminais podem ser utilizadas para regenerar as células cerebrais de doentes com doença de Parkinson.

Estes doentes não têm as células que produzem o neurotransmissor conhecido como dopamina. Sem este pico químico, os movimentos dos doentes de Parkinson são irregulares e interrompidos, e estas pessoas sofrem de tremores incontroláveis. Na investigação realizada em ratos, os investigadores injectaram células estaminais embrionárias no cérebro de ratos que sofriam da doença de Parkinson e verificaram que as células estaminais melhoraram os ratos. Os cientistas esperam que um dia possam repetir este sucesso em humanos com Parkinson.

Com a utilização de células estaminais, é possível cultivar um órgão completo em laboratório e substituí-lo por um órgão que tenha sido danificado por uma doença. Para isso, devem fabricar uma espécie de estrutura de polímero biodegradável com a forma do órgão desejado e depois fertilizá-la com células estaminais embrionárias ou adultas. Depois disso, são adicionados factores de crescimento específicos desse órgão para controlar e dirigir o crescimento do órgão. Depois de a estrutura estar coberta com o tecido específico desse órgão, este é transplantado para o doente. Com a formação de tecido a partir de células estaminais, a estrutura vai-se desfazendo e acaba por ficar uma orelha, um fígado ou qualquer outro órgão.

Vantagens e limitações das células estaminais embrionárias e adultas

Em seguida, examinaremos as vantagens e limitações das células estaminais embrionárias e adultas:

1- Bioética: As células estaminais embrionárias são retiradas de embriões vivos. Por isso, a sua extração é proibida em muitos países. Porque matar um embrião que tem a capacidade de se tornar um ser humano é considerado suicídio. Por exemplo, esta prática é proibida na Alemanha e, em Inglaterra, a investigação a este respeito não era permitida até há pouco tempo, mas, em comparação com as células estaminais embrionárias, as células estaminais adultas são retiradas de um adulto e porque são extraídas do corpo.

Não provoca a morte da pessoa, pelo que não se depara com esta limitação. Além disso, uma das aplicações potenciais de ambos os tipos de células estaminais é a clonagem de seres humanos, o que tem suscitado muitas discussões éticas. Na maioria dos países do mundo, a utilização de células estaminais, independentemente da sua origem, é proibida para a homogeneização humana. Ao mesmo tempo, outras aplicações potenciais e actuais das células mencionadas no campo da medicina em todas as partes do mundo são altamente estudadas.

2- Rejeição: devido ao facto de as células estaminais adultas de cada doente poderem ser utilizadas para o seu próprio tratamento. Assim, após a sua injeção no corpo do doente, o sistema imunitário do organismo da pessoa não considera as referidas células como uma célula ou tecido estranho, pelo que não se coloca o problema da rejeição ou recusa do transplante. Vale a pena mencionar que a regressão é uma das maiores limitações que os investigadores enfrentam na utilização de células estaminais embrionárias. Porque os antigénios de compatibilidade tecidular destas células não são os mesmos que os do recetor, e a possibilidade da sua rejeição aumenta. Naturalmente, estão a ser feitas investigações para suprimir as moléculas que fornecem os antigénios, a fim de resolver este problema.

3- Diferenciação: As células estaminais embrionárias têm um elevado poder de reprodução e diferenciação, pelo que, por vezes, se transformam espontaneamente noutras células sem qualquer tratamento especial. Por conseguinte, a sua diferenciação indesejada e acidental deve ser evitada, para que não se transformem noutros tecidos.

As células estaminais adultas também estão interessadas em multiplicar-se no ambiente de cultura e, através da aplicação de tratamentos especiais, são colocadas no caminho da diferenciação direcionada. Por conseguinte, um dos principais problemas relacionados com a multiplicação e diferenciação das células estaminais é o facto de ser difícil e desconhecido orientar a via de diferenciação destas células para outras células. No entanto, se a via de reprodução e diferenciação for identificada, é possível compreender como surgem as diferentes células dos mamíferos durante o período embrionário. Além disso, desta forma, podem ser identificados os genes envolvidos na formação de diferentes células, como o coração, os nervos, etc. Aqui, a vantagem das células estaminais embrionárias em relação às células estaminais adultas é que as células adultas não nos dão essa informação.

4- Inconsistência de arritmia: quando as células estaminais embrionárias são utilizadas para reparar tecidos cardíacos danificados, em alguns casos, ocorre uma inconsistência entre o tecido cardíaco e o tecido reparado. Porque, neste caso, as células estaminais embrionárias que não são completamente homogéneas com o tecido cardíaco foram transformadas em células cardíacas. Este problema causa discordância no ritmo destas duas partes e no ritmo do coração que bate em conjunto. O problema da incompatibilidade foi verificado em algumas experiências realizadas em ratos, mas não se verifica no caso das células estaminais adultas obtidas do próprio doente.

5- Proliferação e imortalidade: uma das caraterísticas mais importantes das células estaminais embrionárias é o facto de serem imortais. Ou seja, ao contrário das células estaminais adultas, que estão dormentes e sofrem um processo de envelhecimento após várias fases de cultivo e multiplicação, as células estaminais embrionárias têm uma vida longa e não envelhecem.

Apesar de as células estaminais maduras terem a capacidade de se reproduzirem e diferenciarem em ambiente laboratorial, o interessante é que o seu número de reproduções em condições laboratoriais é limitado, ou seja, só se podem dividir 30 ou, no máximo, 50 vezes. Depois disso, essas células sofrem um processo de envelhecimento e perdem a possibilidade de reprodução. No entanto, a partir da diferenciação dessas células, é possível produzir outros tipos de células, como células de gordura, células ósseas, células de cartilagem ou mesmo células cardíacas e nervosas.

6- Pluripotência: Outra caraterística das células estaminais embrionárias em comparação com as células estaminais adultas é que têm muito mais pluripotência. Por outras palavras, em ambiente laboratorial, o poder de diferenciação destas células noutros tipos de células é superior ao das células estaminais adultas.

Aplicações iminentes e previstas das células estaminais nas ciências médicas

Embora a utilização de células estaminais esteja numa fase inicial, os especialistas acreditam que, num futuro não muito distante, estas células terão amplas aplicações na ciência médica. Com esta convicção, está atualmente a ser realizada em todo o mundo uma vasta investigação sobre a utilização de células estaminais para garantir a saúde humana. Seguem-se alguns exemplos de aplicações próximas da obtenção de células estaminais:

1- Reparação dos tecidos danificados do coração: Atualmente, um grande número de pessoas no mundo sofre de doenças cardíacas causadas por danos nos seus tecidos, que por vezes levam à morte. A reparação dos tecidos danificados sempre foi uma das preocupações dos médicos e dos especialistas, e a utilização de células estaminais trouxe novas esperanças neste domínio. Os especialistas esperam poder extrair células estaminais da medula óssea de pessoas doentes ou de fetos emergentes e convertê-las em células cardíacas em ambiente laboratorial e, finalmente, injectando estas células diferenciadas no corpo, proporcionar a possibilidade de reparar os tecidos danificados do coração. É claro que esta técnica ainda se encontra em fase laboratorial, mas os êxitos obtidos em animais de laboratório reforçaram a possibilidade da sua utilização em seres humanos.

2- Reparação de tecidos ósseos: em pessoas com fracturas ósseas extensas, ou que foram submetidas a uma cirurgia ao cérebro e o seu crânio foi removido, bem como em pessoas cujos ossos se fundem lentamente, são utilizadas células estaminais para uma soldadura rápida e para prevenir infecções subsequentes. Nesta técnica, as células estaminais maduras são retiradas de uma pessoa e transformadas em células de osteoblastos em ambiente laboratorial. Depois, estas células são colocadas junto dos tecidos danificados, para provocar uma soldadura rápida destes tecidos. Neste caso, as células são separadas da própria pessoa. Por conseguinte, não inclui o problema da desistência e dos efeitos secundários. A técnica mencionada foi retirada da fase laboratorial e está agora a ser executada na prática e aplicada em doentes em países avançados do mundo, incluindo a América e o Japão.

3- Tratamento de doenças e lesões neurológicas: Os progressos humanos no domínio da produção, multiplicação e diferenciação de células estaminais criaram a esperança de que estas células possam ser utilizadas no tratamento de lesões neurológicas, como a lesão da medula espinal, e de doenças neurológicas, como Alzheimer, Parkinson, esclerose múltipla, etc., também beneficiadas. Neste caso, após a obtenção das células estaminais da pessoa em questão, estas são convertidas em células nervosas e utilizadas para reparação ou tratamento. É claro que a maior parte desta tecnologia está em fase de laboratório, mas tem sido acompanhada de bons desenvolvimentos.

4- Reparação de queimaduras e lesões cutâneas: As lesões cutâneas provocadas por queimaduras ou outros ferimentos causam problemas a muitos doentes todos os anos. No método habitual, a pele de partes saudáveis do corpo é utilizada para reparar as partes danificadas, o que causa problemas ao doente, mas ao utilizar células estaminais, as células da pele podem ser produzidas em laboratório e utilizadas para reparar os tecidos danificados. Esta tecnologia é atualmente aplicada e utilizada por um dos hospitais em Inglaterra.

5- Reparação do pâncreas e secreção de insulina: Recentemente, especialistas da Universidade de Alberta, no Canadá, conseguiram transformar células estaminais adultas em células pancreáticas humanas e transferi-las para doentes diabéticos. Este teste foi realizado em 23 pessoas, 16 das quais não necessitaram de injecções de insulina. Recorde-se que este transplante foi autólogo e não teve problemas secundários.

6- A utilização de células estaminais adultas na medicina de transplantação: Como já foi referido, as células estaminais adultas são muito boas candidatas à medicina de transplantação. De facto, estas células podem ser retiradas da medula óssea de uma pessoa e retransplantadas para a parte danificada do corpo dessa mesma pessoa. Por conseguinte, uma vez que estas células são obtidas do próprio indivíduo, não se coloca o problema da rejeição do transplante. É claro que esta questão também foi observada no caso das células estaminais embrionárias.

7- Tentativa de produzir células universais: Uma vez que as células estaminais embrionárias são imortais, os cientistas estão a tentar produzir uma linha celular universal, intervindo e manipulando os genes eficazes no transplante e os seus factores de compatibilidade de tecidos (MHC). Por outras palavras, ao removerem os genes de compatibilidade tecidular das células estaminais embrionárias, podem produzir células que podem ser transplantadas em todas as pessoas. Se tais células puderem ser produzidas, devido à sua imortalidade, teremos uma fonte lysial de células universais que podem ser mantidas, reproduzidas e transplantadas indefinidamente, e desta forma o problema da falha do transplante será resolvido.

É claro que, apesar do extenso trabalho e investigação neste domínio, ainda ninguém conseguiu produzir uma linha celular universal, e esta questão não passa atualmente de uma ideia. A razão para isto é que o processo e o mecanismo de transferência de genes para as células estaminais embrionárias para desativar ou eliminar genes relacionados com a rejeição de transplantes é desconhecido e muito complicado.

Naturalmente, foi proposta outra hipótese para evitar a rejeição do transplante de células estaminais embrionárias humanas, que é a utilização do quimerismo hematopoiético. Desta forma, se quiserem transplantar para uma pessoa, por exemplo, células nervosas obtidas a partir de células estaminais embrionárias, a partir das mesmas células estaminais, para além das células nervosas, produz-se também uma série de células sanguíneas que são transplantadas para o recetor de células nervosas, por assim dizer, o sistema sanguíneo da pessoa é quimérico. Heterogéneo). É claro que este método ainda é uma ideia, mas é implementado até certo ponto em receptores de transplantes.

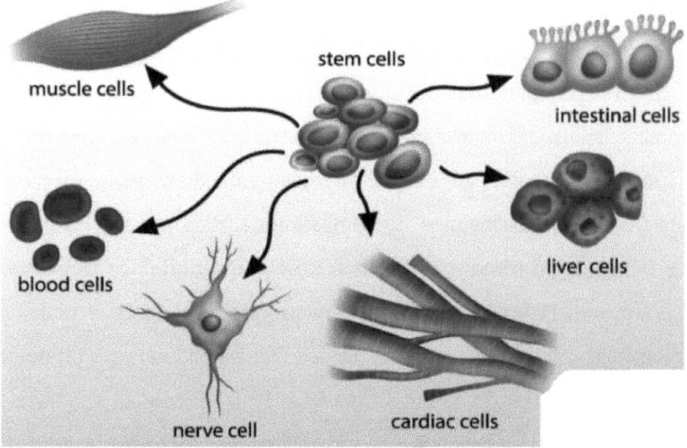

Figura 12. Definição de células estaminais

8- Utilização de células estaminais embrionárias para facilitar a produção de animais transgénicos: Entre as capacidades muito importantes das células estaminais embrionárias está o facto de, ao contrário das células estaminais adultas, ser possível produzir uma pessoa completa através delas. É claro que se deve ter em conta que este processo é completamente diferente da clonagem. Por outras palavras, através da utilização de células estaminais embrionárias, é possível produzir animais transgénicos especiais com as caraterísticas desejadas. É de referir que existem duas formas de produzir animais transgénicos:

A primeira forma, que é geralmente comum, é injetar o gene desejado no pronuclear masculino e transferir o óvulo fertilizado (zigoto) para a trompa de Falópio da fêmea, mas a segunda forma, que é na verdade a utilização de células estaminais embrionárias, em comparação com o primeiro método, tem um rendimento muito mais elevado e o método de o fazer é também mais simples. Neste método, o gene desejado é transferido para as células estaminais embrionárias utilizando impulsos eléctricos ou electroporação e, em seguida, as células estaminais transgénicas são injectadas no blastocisto do animal, obtendo-se o animal desejado ao longo de gerações sucessivas.

Este processo é completamente diferente da Clonagem de Embriões ou da Clonagem Reprodutiva. Porque no caso da clonagem, é retirado um óvulo e depois de lhe ser retirado o núcleo, é substituído pelo núcleo de uma célula não sexual (somática) retirada da mesma pessoa ou de outra pessoa. Outro ponto é que a produção de uma pessoa completa utilizando células estaminais só é possível utilizando células estaminais embrionárias.

É claro que as células estaminais adultas ou as células somáticas adultas (assexuadas) também podem ser utilizadas para este fim, caso em que deve ser utilizado o método de clonagem, mas não há necessidade de clonagem no caso das células estaminais fetais.

9- Utilização de células estaminais embrionárias para produzir espermatozóides e óvulos: as células estaminais embrionárias são capazes de se transformar em diferentes tipos de células devido à sua elevada potência. Mesmo de acordo com relatórios recentes, os investigadores conseguiram preparar óvulos e espermatozóides em condições laboratoriais utilizando estas células. Esta capacidade de produzir uma célula, como um espermatozoide ou um óvulo, que efectua a divisão meiótica e é reprodutiva, tem um valor muito elevado. Esta ideia é um método muito valioso que irá criar uma enorme mudança no tratamento de pessoas inférteis no futuro.

Capítulo 5: Desenvolvimento da raiz e aplicações da cultura de células e tecidos de plantas

Morfologia da raiz e sua diversidade

A raiz principal nos cotilédones é obtida a partir do crescimento do rizoma, é durável e permanece até ao fim da vida da planta. Nas monocotiledóneas, se a raiz principal se perder demasiado cedo, a raiz ectópica substitui-a.

As raízes aberrantes em plantas monocotiledóneas, como o trigo e o milho, aparecem geralmente perto do solo e na zona do colo. Nas plantas dicotiledóneas, as raízes secundárias crescem num padrão regular à volta das raízes principais. A origem das raízes secundárias nos cotilédones é sempre interna e são obtidas a partir da divisão de células periféricas ou formadoras de raízes que estão localizadas contra os feixes lenhosos, e são gradualmente removidas pela digestão e remoção dos tecidos no caminho da raiz principal. A origem endógena das raízes secundárias é comum em quase todas as peles, mas por vezes as raízes secundárias têm origem no parênquima da pele.

Raízes deslocadas

Se a raiz aparece, não é o resultado do crescimento do rizoma da plântula, ou se encontra noutros órgãos como o caule, a folha, os cotilédones e até a cobertura floral, chama-se raiz ectópica. As raízes adversas, tal como as raízes secundárias, têm uma origem interna, só que em algumas plantas, como a erva primaveril, a sua origem é externa. As raízes mal colocadas podem não ser capazes de absorver materiais do solo.

Por exemplo, fez com que a planta suportasse outra árvore, como a Eshghe, ou se transformasse num espinho, como alguns tipos de tâmaras. Obviamente, as plantas que produzem raízes adventícias podem ser facilmente propagadas por estacas. Poucas plantas têm a capacidade de produzir raízes fora do lugar. Por exemplo, nas coníferas, as raízes deslocadas ocorrem raramente e de diferentes maneiras. As raízes de algumas plantas, como a azeda (Rumex acetosella), têm a capacidade de brotar como o caule.

Morfologia da raiz

A raiz do fundo conduz geralmente ao chapéu. Depois do chapéu, há a zona dos fios mortos, depois a zona das raízes secundárias e, por fim, o colo, que está ligado ao caule. As raízes de algumas plantas, como as lentilhas azuis, têm capulhos relativamente longos, mas não têm fios letais. Nalgumas algas, o gorro não é durável e cai rapidamente e, ao contrário do gorro, tem duas camadas duráveis.

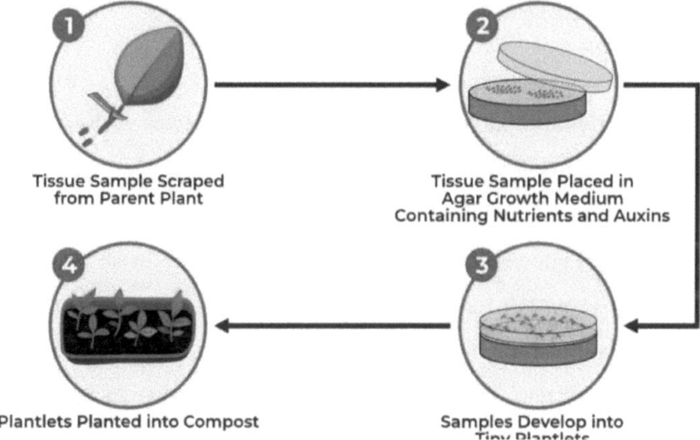

Figura 13. Cultura de tecidos de plantas - tipos, técnicas e processos

Embora os fios mortos se localizem normalmente logo a seguir à capa da raiz, na flor de Qasid, estes fios localizam-se quase na zona do colarinho. As raízes podem encontrar algumas mudanças que são mencionadas abaixo, de acordo com as acções e o trabalho que fazem, exceto a absorção de substâncias.

❖ Raízes tuberosas nestas raízes, as raízes principais e secundárias, depois de terminarem o seu crescimento normal, o seu crescimento apical é gradualmente interrompido e os materiais de armazenamento são condensados e acumulados nos seus tecidos. As raízes tuberosas distinguem-se bem dos caules tuberosos (como as batatas) devido à ausência de gemas. A forma geral das raízes tuberosas é quase fusiforme, mas também pode ser esférica ou em forma de ovo.

❖ Raízes compostas como as raízes das raposas, que são um tubérculo simples ou em forma de garra, cada tubérculo destas raízes é formado pela união de várias sub-raízes. Se fizermos uma secção transversal destas raízes, podemos ver vários cilindros vasculares dispersos num parênquima geral.

❖ Raízes que têm uma função mecânica, como as raízes espinhosas como algumas palmeiras, ou raízes aéreas e raízes de Zannichellia, que estão incluídas nesta categoria.

❖ as raízes em forma de folha, as raízes de algumas raposas das regiões tropicais, que se encontram à superfície do solo ou no ar, como as folhas jovens ou os caules, têm muitos cloroplastos e efectuam o processo de carbonização, sendo estas raízes designadas por raízes folhosas. dizem A planta Trapa natans, que é uma planta aquática, tem raízes verdes com clorofila abundante nos nós do caule. Estas raízes, em vez do caule, quando se afundam na água devido ao crescimento do caule, perdem gradualmente o seu cloroplasto e adquirem uma cor escura.

Estrutura das raízes das plantas

A raiz é um órgão da planta que se encontra normalmente no interior da planta e mantém o caule e as suas partes estáveis. Outra ação importante é a absorção de água e nutrientes básicos, como a água e vários minerais do solo, e também é possível armazenar vários nutrientes em si mesma. Para além destas acções principais, a raiz cresce como um caule e é o local para o fluxo de sucos alimentares. Devido às acções semelhantes e dissemelhantes que a raiz tem com o caule, faz com que, em alguns casos, tenha uma estrutura diferente deste.

Diferentes componentes da raiz

1- Cobertura da raiz: a parte final da raiz, designada por cobertura da raiz. As células completamente apicais e externas do chapéu caem gradual e permanentemente sob a forma de cascas finas devido ao contacto com o solo e os factores ambientais e, ao mesmo tempo, são permanentemente adicionadas a ele pelas células meristemáticas do ápice da raiz.

2- Zona de crescimento da raiz ou zona meristemática: que na secção longitudinal é designada por meristema perto da extremidade das raízes. As células desta zona criam diferentes tipos de células radiculares enquanto se diferenciam.

3- Zona de alongamento: as células resultantes da divisão das células do meristema radicular são alongadas nesta zona.

4- Zona de teias mortíferas: É na zona das teias mortas que a maior parte dos nutrientes é absorvida pela planta primária. Ao mesmo tempo, as células internas desta zona mudam a sua forma e estrutura e provocam a formação de diferentes tecidos na raiz. Por isso, esta zona é também designada por zona de diferenciação.

5- Córtex: A camada mais interna do córtex é chamada endoderme, que é geralmente uma caraterística proeminente das raízes. A endoderme tem geralmente uma parede fina, exceto as paredes radiais e transversais da célula, que são espessadas e se tornam cutina ou suberina, e é chamada banda de Casparin, que é um cordão ou faixa de cutina ou suberina que rodeia as células endodérmicas na direção das paredes radiais. E a célula transversal é coberta.

6- Círculo periférico: nas fases iniciais do desenvolvimento da raiz, forma-se uma camada especial de células parenquimatosas a partir da deformação da camada exterior da camada central cilíndrica generativa. Esta camada (círculo periférico) permanece num estado relativamente inativo do meristema, até à atividade secundária da raiz, após o que as raízes laterais se originam a partir desta zona. As suas células externas levam à formação da camada generativa vascular e as outras partes levam à formação das raízes laterais. As células periféricas originam-se. Muitas vezes os ramos radiculares originam-se do ponto oposto aos ramos do xilema primário. Portanto, podemos dizer que para os xilemas, teremos raízes laterais ou ramos radiculares em geral no início dos ramos radiculares ou raízes laterais.

O que é a cultura de células e tecidos vegetais?

A cultura de tecidos é definida como o crescimento ou cultivo de células, tecidos ou órgãos desejados num ambiente artificial estéril (temperatura, luz e humidade). As técnicas de cultura de tecidos vegetais são de grande ajuda para a indústria comercial na produção de metabolitos, aromas, óleos, corantes e várias ervas medicinais. A cultura de tecidos vegetais é possível, definida como o cultivo em condições laboratoriais de um explante para produzir uma planta inteira.

Os métodos de cultura de tecidos vegetais são utilizados para produzir plantas isentas de doenças, manipulação genética, melhoramento vegetal, produção em grande escala, propagação em massa da planta-alvo e para fins de investigação fundamental. Este método de cultura de tecidos, que existia no início dos anos 40, criou um mercado de mil milhões de dólares. A conceção do ambiente de cultura de tecidos de plantas foi um desafio nas fases iniciais. Porque é muito importante proporcionar um ambiente favorável ao crescimento das plantas que simule os nutrientes encontrados na natureza.

Um meio de cultura ideal para tecidos vegetais deve conter todos os minerais, nutrientes e vitaminas necessários. A origem da amostra, o tipo de meio adequado para essa amostra específica, a temperatura e muitos factores internos, como os agentes solidificantes, o pH e os suplementos, são parâmetros importantes para a formulação de um meio de cultura de tecidos vegetais. A adição de reguladores de crescimento vegetal necessários para o crescimento adequado das culturas de células, tecidos e órgãos desejados é um ponto de viragem importante na técnica de cultura de tecidos vegetais. Em 1902, Gottlieb Haberlandt apresentou os seus pontos de vista sobre a cultura de tecidos vegetais na Academia Alemã de Ciências, isolando pela primeira vez células fotossintéticas de folhas.

Afirmou também que os embriões podem ser criados a partir de células vegetativas e definiu o conceito de potência total, razão pela qual é considerado o pai da cultura de tecidos vegetais. O primeiro meio de cultura de tecidos vegetais conhecido utilizado para o crescimento de raízes foi produzido por White em 1939 e o meio de cultura de calos por Gautheret.

A ideia de desenvolver estes ambientes foi retirada do ambiente de algas formulado por Uspenski e Uspenska e do ambiente salino, respetivamente. Em 1962, Murashige e Skoog desenvolveram outro meio de cultura de tecidos vegetais que é mais amplamente aceite atualmente. O grande desenvolvimento da cultura de tecidos vegetais e das técnicas biotecnológicas conexas teve início entre as décadas de 1940 e 1960. Os principais investigadores tentaram estudar o comportamento das células cultivadas em meios nutritivos naturais. Este meio era constituído por água de coco, proteína hidrolisada e modificação de um meio de crescimento através da adição de muitas vitaminas e minerais.

Princípios da cultura de tecidos vegetais

O conceito básico da cultura de tecidos vegetais consiste em produzir um grande número de plantas geneticamente semelhantes à planta-mãe. Para este efeito, o "explante" (pequena parte isolada da planta) é utilizado para a cultura de tecidos, para se tornar uma planta inteira. Este método é eficaz. Porque quase todas as células vegetais são totipotentes. Porque cada célula tem a informação genética e a maquinaria celular necessárias para produzir o organismo completo.

Tipos de cultura de tecidos vegetais

A cultura de tecidos é uma técnica em que os tecidos saudáveis são extraídos de material vivo ou de organismos vivos em cultura de tecidos de plantas, que podem ser folhas ou outras partes de plantas, dependendo do protocolo. Com base no explante (material primário ou tecido vegetal utilizado para o crescimento da planta), a cultura de tecidos é classificada nos seguintes tipos

Cultura de embriões: A cultura de embriões envolve o isolamento e o cultivo de embriões de plantas imaturas ou maduras para apoiar o seu crescimento em plantas completas. Em vez de esterilizar os embriões separadamente, este método envolve a esterilização do órgão do qual os embriões são derivados e a sua utilização no processo de cultura.

Cultura de calos: O calo refere-se a um conjunto de células indiferenciadas com uma capacidade significativa para criar diferentes partes de plantas.

Quando os tecidos vegetais derivados de qualquer órgão vegetal são induzidos artificialmente em ambientes laboratoriais, formam calos que constituem a maioria dos vários órgãos vegetais, raízes e rebentos.

Cultura de protoplastos: O protoplasto é uma célula vegetal sem parede celular. Nesta técnica, a parede celular das células vegetais é destruída através de métodos mecânicos ou enzimáticos. Os protoplastos obtidos são purificados, seguindo-se a regeneração da parede celular em condições controladas, antes de serem transferidos para meios adequados para o crescimento de uma planta inteira.

Cultura de anteras: A cultura de anteras é uma técnica da biotecnologia vegetal em que os grãos de pólen ou as anteras são separados e cultivados num ambiente rico em nutrientes.

Normalmente utilizado em estudos de plantas e genéticos para produzir novas variedades de plantas ou estudar o comportamento das células vegetais num ambiente controlado.

Cultura de meristemas: A cultura de meristemas consiste em separar a região meristemática, como a ponta do caule, das plantas e transferi-la para um meio de crescimento que contém nutrientes, vitaminas e hormonas vegetais. Esta técnica promove a divisão celular e a diferenciação dos tecidos nas células cultivadas. A cultura de meristemas tem várias aplicações, incluindo a produção de plantas sem doenças, a regeneração de plantas inteiras, a produção de plantas transgénicas e haplóides, o aumento do rendimento e do germoplasma.

Cultivo de ovários: Esta técnica inclui o cultivo de ovários férteis ou não fertilizados de espécies vegetais num ambiente adequado para facilitar o seu crescimento em plantas completas. Este método, também conhecido como ginogénese, é utilizado principalmente para ultrapassar obstáculos antes e depois da fertilização. Além disso, tem sido utilizado para obter híbridos entre espécies.

O ambiente alimentar deve proporcionar o seguinte:

1- Macronutrientes: Inclui elementos como o azoto (N), o fósforo (P), o potássio (K), o cálcio (Ca) e o enxofre (S), que são necessários para um crescimento e morfogénese adequados.

2- Micronutrientes: elementos como o ferro (Fe), o manganês (Mn) e o zinco (Zn), que são também muito importantes para o crescimento dos tecidos.

3- Carbono ou fonte de energia: É um dos constituintes mais importantes dos nutrientes. A sacarose é a fonte de carbono mais consumida entre outros hidratos de carbono utilizados para fornecer H, C e O.

4- Vitaminas, aminoácidos e outros sais minerais: o meio de cultura também actua como um ambiente para fornecer fito-hormonas ou reguladores de crescimento de plantas para questões que causam a sua morfogénese, conforme necessário. Os tecidos do explante começam por perder as suas caraterísticas e formam uma massa dura e castanha chamada calo. O calo é então separado, para formar um órgão vegetal ou uma planta totalmente nova, dependendo da quantidade e da combinação de fito-hormonas fornecidas. Todo o processo requer condições assépticas rigorosas e estas condições devem ser mantidas continuamente. Porque uma infeção pode destruir todo o grupo de plantas.

Etapas da cultura de células e tecidos vegetais

❖ O tecido da amostra é raspado da planta-mãe.

❖ O tecido da amostra é colocado no meio de cultura de ágar que contém nutrientes.

❖ As amostras crescem e tornam-se pequenas plântulas.

❖ As mudas são plantadas dentro do composto.

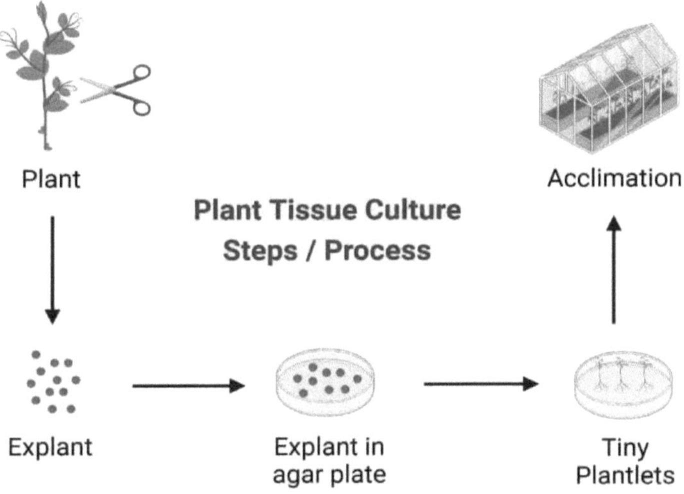

Figura 14. Cultura de tecidos de plantas

As fases da cultura de tecidos vegetais

O tecido vegetal é preparado em condições assépticas utilizando um filtro de ar "HEPA" de uma câmara de fluxo lento. Os tecidos são cultivados em recipientes estéreis, como placas de Petri ou frascos, numa câmara de crescimento com controlo da temperatura e da intensidade da luz. Uma vez que os materiais vegetais vivos no ambiente estão naturalmente contaminados com microrganismos nas superfícies, estas são esterilizadas em soluções químicas antes da recolha de amostras adequadas.

Os explantes estéreis são então colocados num meio de cultura sólido estéril, mas por vezes num meio líquido estéril. Especialmente quando é necessária uma cultura de suspensão de células. Os meios sólidos e líquidos são geralmente compostos por sais minerais com uma pequena quantidade de minerais orgânicos, vitaminas e hormonas vegetais. O meio sólido é criado através da combinação do meio líquido com um agente gelificante, geralmente ágar puro.

A composição do ambiente, especialmente as hormonas vegetais e o fornecimento de azoto, tem um efeito significativo na forma dos tecidos que crescem a partir do explante original. O equilíbrio de auxina ou citocinina resulta frequentemente na proliferação desestruturada de células ou calos, mas o padrão de crescimento varia consoante a espécie de planta e a composição do ambiente. Quando os rebentos emergem da cultura, podem ser cortados e enraizados com auxina para produzir plântulas. Depois podem ser transferidos para um vaso e crescer como uma planta normal na estufa.

Aplicações da cultura de células e tecidos vegetais

Os métodos de cultura de tecidos vegetais têm-se tornado cada vez mais populares para a propagação de plantas em grande escala. Para além da sua aplicação à escala da investigação, as técnicas de cultura de tecidos vegetais ganharam recentemente uma importância industrial significativa nos domínios da propagação de plantas, da eliminação de doenças, do melhoramento de plantas e da produção de metabolitos secundários.

Os explantes são pequenos pedaços de tecido que podem ser utilizados para produzir centenas de milhares de plantas num processo contínuo. Sob as condições estabelecidas, independentemente da estação do ano ou do clima, um explante pode ser multiplicado em milhares de plantas num espaço de tempo e área relativamente curtos. As aplicações da cultura de tecidos vegetais incluem:

1- Propagação clonal e micropropagação: A população de plantas obtida a partir de uma planta dadora é designada por clone e a reprodução de cópias genéticas idênticas é designada por propagação clonal, que pode ser uma ferramenta útil para obter uma grande população de espécies vegetais com caraterísticas desejáveis. A micropropagação é conseguida através da propagação de pontas de caule ou gemas axilares cultivadas em condições laboratoriais.

2- Energia de biomassa: Nos últimos anos, foi estimulado o interesse na comercialização da reprodução em condições laboratoriais de árvores florestais. A micropropagação foi realizada com sucesso em muitas árvores economicamente importantes, como a "Butea monospermous". Todas estas espécies de plantas são úteis na silvicultura para a produção de energia a partir da biomassa.

3- Metabolitos secundários: a produção de muitos compostos úteis, tais como alcalóides, esteróides, compostos glicosídicos e muitos outros óleos essenciais (jasmim), aromas e corantes (açafrão) pode ser efectuada através da cultura de células vegetais.

4- Diversidade genética: A diversidade criada pelo ciclo de cultura de tecidos é designada por Larkin e Scowcroft como diversidade clonal do soma. Esta diversidade genética é devida a células com diferentes níveis de ploidia e à estrutura genética do explante original, ou pode ser causada por diferentes condições de cultura.

5- Embriogénese somática **e sementes artificiais:** a embriogénese somática direta ou indireta pode ser obtida a partir de células préembrionárias de explantes diretos ou de embriões criados em tecido de calo a partir de células embriogénicas induzidas. A aplicação potencial desta técnica é a produção em massa de embriões não desejados que acabam por se transformar em plântulas de pleno direito no ambiente maduro.

6- Quebra de dormência: Utilizando o método de cultura de embriões, é possível reduzir ou eliminar o período de dormência das sementes e encurtar o ciclo de reprodução em muitas plantas.

7- Plantas haplóides: As plantas haplóides podem ser obtidas através da cultura de anteras ou pólen ou através da cultura de ovários ou ovos.

8- Híbridos somáticos: hibridação somática significa hibridação assexuada usando protoplastos somáticos isolados.

9- Plantas transgénicas: Plantas geneticamente modificadas em que um gene estranho útil é incluído através de um método biotecnológico, que são chamadas plantas transgénicas.

10- Preservação dos germes: Muitas espécies agrícolas importantes produzem sementes resistentes com degeneração embrionária precoce. Além disso, muitas plantas são vulneráveis a insectos, agentes patogénicos e vários riscos climáticos. Estas plantas são muito difíceis de manter. Em geral, as espécies vegetais em perigo de extinção, raras e em perigo de extinção precisam de ser preservadas pelo método fora da área de proteção do germoplasma. A cultura de tecidos vegetais pode ser utilizada para este fim. O conjunto de armazenamento de germoplasma é uma alternativa económica ao cultivo de plantas em condições de campo, viveiro ou estufa. A cultura de tecidos é utilizada para criar milhares de plantas geneticamente idênticas a partir de uma única planta-mãe, denominadas clones de soma, e este processo é conhecido como micropropagação.

Este método tem vantagens sobre outros métodos. Porque pode ser utilizado para desenvolver plantas sem doenças com a ajuda de meristemas como explantes. Uma vez que este método produz milhares de novas plântulas, tem sido amplamente utilizado para produzir plantas comerciais importantes, incluindo plantas alimentares como o tomate, a banana, a maçã, etc. O exemplo mais óbvio de microproliferação foi observado no cultivo de orquídeas. Porque aumentou exponencialmente devido à disponibilidade de milhões de mudas usando métodos de cultura de tecidos.

Por que razão são utilizados sistemas de cultura de células vegetais?

Embora tenha havido um interesse considerável no desenvolvimento de plantas inteiras para a produção de proteínas recombinantes, as vantagens da produção à escala agrícola podem ser compensadas por longos períodos de desenvolvimento, variações no rendimento e na qualidade do produto e a dificuldade de aplicar boas práticas de fabrico nas fases iniciais da produção.

Nas plantas inteiras, deve ser considerada a possibilidade de contaminação com produtos químicos agrícolas e fertilizantes, bem como o impacto de pragas e doenças e as diferentes condições de cultivo devidas a diferenças locais na qualidade do solo e no microclima.

A cultura de células vegetais como sistema de expressão de proteínas recombinantes evita estes problemas, mantendo as suas vantagens. Tal como os micróbios, as células vegetais são baratas de cultivar e manter, mas como são eucariotas superiores, podem efetuar muitas das modificações pós-traducionais que ocorrem nas células humanas. As células vegetais são inerentemente seguras.

Porque não abrigam agentes patogénicos humanos nem produzem endotoxinas. Tal como os micróbios, as células vegetais são mantidas em ambientes simples e artificiais, mas tal como as células animais, podem sintetizar proteínas multiméricas complexas e glicoproteínas como as imunoglobulinas e a interleucina.

Em comparação com proteínas semelhantes produzidas em leveduras, bactérias e fungos filamentosos, as glicoproteínas recombinantes humanas sintetizadas em plantas apresentam uma semelhança muito maior com as suas congéneres em termos de estrutura de "n" glicanos. Ao contrário das plantas cultivadas no campo, o desempenho das células vegetais cultivadas é independente do clima, da qualidade do solo, da estação do ano e da duração do dia.

Não há risco de contaminação com fungicidas, herbicidas ou pesticidas, e há menos subprodutos. Talvez a vantagem mais importante das células vegetais em relação às plantas inteiras seja a sua abundância. Este é um método mais simples de isolar e purificar o produto, especialmente quando o produto é segregado no meio de cultura.

Princípios da cultura de células vegetais

Podem ser utilizados vários métodos para a cultura in vitro de células vegetais, incluindo a extração de raízes peludas, células imobilizadas com teratomas de caule e culturas de células em suspensão. As células em suspensão de plantas são preparadas agitando o tecido frágil do calo em frascos agitadores ou fermentadores para formar células individuais e pequenas sementes. O calo é um tecido indiferenciado obtido através do cultivo de explantes num meio sólido que contém uma mistura adequada de hormonas vegetais para manter o estado indiferenciado. As células são cultivadas em meio de cultura líquido contendo as mesmas hormonas, para aumentar a taxa de crescimento e evitar a diferenciação.

Vantagens da cultura de tecidos de plantas

✓ Novas mudas podem ser cultivadas num curto período de tempo.

✓ Apenas é necessária uma pequena quantidade de tecido vegetal primário.

✓ As novas plântulas e plantas estão muito provavelmente livres de vírus e doenças.

✓ Este processo não depende das estações do ano e pode ser efectuado durante todo o ano.

✓ É necessário um espaço relativamente pequeno para efetuar este processo.

✓ Numa escala maior, o processo de cultura de tecidos ajuda a trazer novas subespécies e diversidade para o mercado consumidor.

✓ As pessoas que procuram cultivar plantas exigentes, tais como raças especiais de orquídeas, têm mais sucesso no processo de cultura de tecidos do que no solo tradicional.

Desvantagens da cultura de tecidos vegetais

A cultura de tecidos é dispendiosa e precisamos de mais pessoal para a efetuar.

É possível que as plantas propagadas no exterior sejam menos resistentes às doenças devido ao tipo de ambiente em que crescem.

É necessário peneirar os materiais antes da plantação. A não remoção de qualquer anomalia pode levar à contaminação das novas plantas.

Embora a taxa de sucesso seja elevada se forem seguidos os métodos corretos, o sucesso com a cultura de tecidos não é garantido. É por isso que são essenciais protocolos precisos para o cultivo de plantas em cultura de tecidos. Quando se tenta criar um protocolo funcional, pode ser necessário muito esforço. A poluição é o principal problema no ambiente da cultura de tecidos. As plantas podem ser infectadas por bactérias, fungos e vírus. É por esta razão que devem ser tomadas todas as medidas e deve ser utilizado um kit de EPI (equipamento de proteção individual) durante a cultura de tecidos no laboratório. A cultura de tecidos é uma técnica avançada e requer conhecimentos e prática avançados para qualquer pessoa que se inicie neste domínio.

Capítulo 6: Embriogénese (Embriogénese

A embriogénese somática é a formação de um embrião a partir de uma célula assexuada em condições laboratoriais, que é capaz de se desenvolver como um embrião de semente e se transforma numa plântula completa.

Um embrião somático é semelhante a um embrião de semente em termos do processo de embriogénese. A embriogénese somática também tem sido utilizada como modelo para estudar a embriogénese de sementes. A embriogénese somática, tal como a embriogénese de sementes, inclui diferentes fases: a criação do proembrião, do embrião cotiledonar, do embrião em forma de coração, do embrião torpedo e do cotilédone, que ocorre através de uma via assexuada.

O estudo da embriogénese somática tem muitos aspectos científicos e práticos. A embriogénese somática é um método adequado para a reprodução devido à possibilidade de maior produção e reprodução contínua da massa embriogénica e, em alguns casos, é superior a outros métodos de reprodução assexuada devido à possibilidade de reprodução em massa de plantas utilizando bioreactores. A planta Vesha (vela) com o nome científico D. Dorema ammoniacum da família Apiaceae é uma espécie medicinal e industrial que cresce na Ásia Central, incluindo o Irão, e é utilizada no tratamento de doenças como bronquite crónica, falta de ar, doenças pulmonares e alergias respiratórias.

Esta planta tem também propriedades estimulantes, laxantes, expectorantes, anticonvulsivas, antimicrobianas e antioxidantes. Nos últimos anos, devido ao uso indiscriminado e à colheita inadequada, os habitats desta planta foram destruídos no país e a planta está em risco de extinção. A planta da vespa é normalmente propagada por sementes, mas a propagação desta planta é limitada devido à presença de dormência nas sementes. O objetivo desta investigação foi encontrar um método rápido para a extração desta planta. A micropropagação através da embriogénese somática é um método que pode ser amplamente utilizado para encurtar o ciclo sexual e ultrapassar os problemas relacionados com as sementes.

Fase embrionária

Duas semanas após a conceção, com a conclusão do processo de implantação, inicia-se a fase embrionária, que se prolonga até à oitava semana de gravidez. As células da camada externa do blastocisto desenvolvem-se em duas membranas especializadas, cada uma das quais cria estruturas de suporte vitais.

A membrana interna transforma-se num saco chamado âmnio, que se enche de líquido amniótico e no qual o feto flutua. A membrana exterior chama-se córion e desenvolve-se em dois órgãos: a placenta e o cordão umbilical. A placenta, que está completamente desenvolvida durante cerca de quatro semanas de gravidez, tem a forma de uma massa de células em forma de placa que se encontra contra a parede do útero e, até que os órgãos do feto comecem a funcionar, actua como o rim e o fígado do feto e também fornece oxigénio ao feto. fornece e remove o dióxido de carbono do seu sangue.

A placenta actua como um importante filtro entre o sistema circulatório da mãe e o do feto, ligando-se ao sistema circulatório do feto através do cordão umbilical. Os nutrientes, incluindo o oxigénio, as proteínas, os açúcares e as vitaminas, podem ser transferidos do sangue da mãe para o feto.

Os resíduos e o dióxido de carbono também são devolvidos do sangue do bebé ao corpo da mãe para serem destruídos. Nesta situação, muitas substâncias nocivas, incluindo vírus ou hormonas da mãe, não conseguem atravessar as várias membranas da placenta devido ao seu grande tamanho e são filtradas. A maioria dos comprimidos e anestésicos e alguns organismos patogénicos têm a capacidade de atravessar a placenta. Enquanto as estruturas de suporte se desenvolvem, a massa celular que forma o embrião diferencia-se em vários tipos de células que constituem a base da pele, dos receptores sensoriais, das células nervosas, dos músculos, do sistema circulatório e dos órgãos internos, o que se designa por organogénese. (Organogénese) chama-se.

O batimento cardíaco pode ser detectado cerca de quatro semanas após a conceção. O início da função dos pulmões e dos órgãos motores também pode ser reconhecido nesta altura. No final do período embrionário, os dedos das mãos e dos pés, os olhos, as pálpebras, o nariz, a boca, o ouvido externo e as partes básicas do sistema nervoso, para além dos órgãos reprodutores, estão formados de forma rudimentar. Com a conclusão da organogénese e o início da formação de células ósseas por volta da oitava semana de gravidez, termina a fase embrionária.

Como é que as mutações genéticas afectam a saúde e o desenvolvimento humano?

O funcionamento correto de qualquer célula depende de milhares de proteínas que desempenham as suas funções no local e momento certos. Por vezes, as mutações genéticas impedem que uma ou mais destas proteínas façam o seu trabalho corretamente.

Uma mutação que altera as instruções do gene para produzir uma proteína pode provocar o seu mau funcionamento ou a sua formação completamente incorrecta. Quando uma mutação altera uma proteína que desempenha um papel vital no organismo, interrompe o desenvolvimento normal ou causa problemas médicos. Um problema médico causado por uma mutação num ou mais genes é designado por doença genética. Em alguns casos, as mutações genéticas são tão graves que impedem o feto de sobreviver até ao nascimento. Estas alterações ocorrem em genes necessários ao desenvolvimento e perturbam frequentemente o desenvolvimento do embrião desde as primeiras fases. Uma vez que estas mutações têm efeitos muito graves, não permitem a sobrevivência, é importante. Note-se que os genes em si não causam doenças, as doenças genéticas são causadas por mutações que prejudicam a função dos genes. Por exemplo, quando se diz que alguém tem o gene da fibrose quística, geralmente refere-se a uma versão mutante do gene CFTR que causa a doença. Todas as pessoas, incluindo as que não têm fibrose quística, têm uma cópia do gene CFTR.

Crescimento das plantas

Ao contrário dos animais que crescem até um determinado tamanho e forma, as plantas continuam a crescer enquanto houver recursos suficientes disponíveis. Este processo é uma combinação do aumento do número de células (mitose) e do aumento do tamanho das células. A razão para o crescimento contínuo das plantas são os tecidos indiferenciados do meristema, nos quais a capacidade de crescimento e divisão das células é preservada.

As células deste tecido diferenciam-se após a divisão e criam tecidos especializados e permanentes, como a pele, o tecido subjacente e os vasos sanguíneos. O crescimento das plantas é efectuado de duas formas primárias e secundárias.

1- Crescimento primário: No crescimento primário, o comprimento das raízes e dos botões aumenta. Este crescimento é o resultado da divisão celular dos meristemas apicais. As plantas herbáceas têm apenas crescimento primário. O crescimento primário dá-se principalmente nas partes apicais e nas pontas do caule e da raiz, e é o resultado da rápida divisão celular nos meristemas apicais. Além disso, o alongamento celular contribui para o crescimento primário. O crescimento primário, ao afetar o comprimento e o diâmetro do caule e da raiz, fornece água e luz solar suficientes à planta.

2- Crescimento secundário: O aumento do diâmetro das plantas e dos troncos das árvores deve-se ao crescimento secundário. O crescimento secundário é o resultado da divisão celular nos meristemas laterais. Como resultado do crescimento secundário, formam-se estruturas lenhosas na planta. Este crescimento é observado em algumas plantas dicotiledóneas, mas raramente acontece em plantas monocotiledóneas. O aumento do diâmetro do caule por crescimento secundário é o resultado da atividade dos meristemas laterais, que estão ausentes nas plantas herbáceas. Os meristemas laterais são constituídos por duas partes, o câmbio vascular e o câmbio piloso.

Câmbios vasculares: Este tecido está localizado logo abaixo da parte externa do xilema primário e da parte interna do floema primário. As células deste tecido dividem-se e formam o xilema secundário, ou seja, traqueídos e elementos vasculares voltados para dentro, e o vaso do floema secundário, ou seja, elementos de peneira e células acompanhantes, voltados para fora. As células do xilema secundário têm uma parede celular constituída por lenhina, que contribui para a resistência do caule. No caule das plantas lenhosas, os pêlos, o câmbio dos pêlos e o floema secundário constituem o rizoma. Os xilemas primário e secundário e a medula do caule constituem a madeira.

Câmbios de cortiça: nas plantas lenhosas, a cortiça é o meristema lateral mais externo e dois tipos de células são formados a partir da sua divisão.

Células de cortiça: Estas células produzem subrina (material de cera) que é resistente à penetração de água.

Cortiça (Phelloderm): Esta camada de câmbio cresce em direção ao centro do caule.

Como é calculada a idade da planta?

A secção transversal do caule das plantas lenhosas apresenta anéis que podem ser contados para estimar a idade da planta. Na primavera, as células do xilema secundário têm um grande diâmetro interior e as suas paredes celulares não são espessas. No outono, forma-se a parede celular secundária, que é mais espessa.

A diminuição do número de elementos vasculares e o aumento do número de traqueóides em diferentes estações altera o diâmetro da árvore ao longo dos anos e, como resultado, formam-se anéis anuais no caule. Cada círculo representa a quantidade de xilema formado numa estação de crescimento.

Factores ambientais que afectam o crescimento das plantas

Uma vez que as plantas não têm um sistema nervoso ou cérebro, não podem pensar ou sentir, mas têm uma capacidade extraordinária de responder aos estímulos ambientais. As plantas crescem bem em resposta a condições ambientais óptimas e, em caso de stress, o seu crescimento é reduzido ou interrompido.

A luz: A luz artificial ou natural é um dos factores mais importantes para o crescimento das plantas. As plantas convertem a energia recebida da luz, com a ajuda da água e do oxigénio, em hidratos de carbono, a fim de fornecer os materiais necessários para o crescimento, a floração e o crescimento das sementes.

Resposta à luz nas plantas: As plantas que são afectadas pela luz têm fotorreceptores. Estes receptores são proteínas ligadas a uma substância que contém um cromóforo. A irradiação da luz sobre a molécula recetora altera a sua conformação. As alterações de conformação provocam a ativação de vias de transmissão de mensagens, alterações na expressão genética ou na produção de hormonas. As plantas respondem à luz ambiente de duas formas.

✓ **Fotoperiodismo:**

✓ **Fotoperiodismo:** O fotoperiodismo é a regulação do crescimento e do metabolismo das plantas em resposta à duração do dia. O ácido abscísico é um dos reguladores do crescimento das plantas e um estimulador interno que desempenha um papel na regulação deste processo, afectando os botões apicais. A quantidade, a qualidade e a duração da radiação luminosa são os estímulos ambientais de absorção da luz que afectam o crescimento das plantas. Ao alterar estes estímulos à vontade, o crescimento da planta pode ser aumentado ou diminuído.

Quantidade: A quantidade de luz refere-se à intensidade ou concentração da luz, que varia consoante as estações do ano. No verão, a luz é mais intensa e no inverno, a luz é menos intensa.

Qualidade: O significado de qualidade da luz é a cor da luz. As plantas absorvem a luz azul e vermelha e estes raios têm o maior efeito no seu crescimento.

Duração da irradiação: A duração da irradiação da luz regula o crescimento da flor em muitas plantas. Com base neste facto, as plantas são divididas em três categorias.

✓ **Dia curto:** estas plantas florescem quando a duração do dia é inferior a 12 horas. Algumas plantas que florescem na primavera e no outono, incluindo o crisântemo, são deste tipo.

✓ **Dia longo:** estas plantas florescem quando a duração do dia é superior a 12 horas. Um grande número de legumes como o rabanete, a alface, os espinafres e a batata são deste tipo.

✓ **Indiferente:** Nestas plantas, a floração não tem nada a ver com a duração do dia. O tomate, o milho e o pepino estão entre estas plantas.

Qual é o efeito das mudanças de luz durante o dia e a noite na floração das plantas de dia curto? A resposta à luz e à floração nas plantas de dia curto é altamente dependente da duração da noite. As condições de floração destas plantas são as seguintes:

✓ Quando o dia é curto e a noite é longa, eles dão flores.

✓ Quando o dia é longo e a noite é curta, não florescem.

✓ Não florescem quando a longa noite é quebrada por uma faísca repentina.

✓ Não dão luz quando o dia curto é interrompido por um período de escuridão.

Orientação da fotografia: Os botões das plantas crescem normalmente na direção da luz e as raízes das plantas crescem normalmente contra a direção da luz. Este fenómeno é designado por "fototropismo". Neste fenómeno, o caule dobra-se e cresce na direção da radiação luminosa (orientação positiva da luz) ou contra a sua direção (orientação negativa da luz). As proteínas fototrópicas são os principais receptores da fotossensibilidade e estão ligadas ao cromóforo. A radiação luminosa provoca os seguintes eventos no caule da planta:

✓ Fototrópico absorve a luz azul e muda de forma.

✓ Os receptores são activados.

✓ O recetor ativado altera a atividade de outras moléculas na célula. O número de receptores activos é maior na parte virada para a luz.

- ✓ A hormona Auxina é transferida para o lado que recebe menos luz.
- ✓ A auxina aumenta o comprimento das células.
- ✓ O aumento unidirecional do comprimento das células leva à curvatura da planta na direção da luz.

Qual é a orientação da raiz? A orientação da luz na raiz é negativa em contraste com o caule. Com o aumento da auxina na raiz, o aumento do comprimento das células é inibido e a parte escura da raiz será mais curta. Como resultado, a raiz cresce contra a direção da luz.

O efeito do stress luminoso no crescimento das plantas: mais luz do que o normal faz com que as folhas da planta sequem e encolham e, devido à falta de luz, a planta pode apresentar as seguintes condições

- ✓ A planta não produz clorofila, ou produz menos clorofila, o que faz com que as folhas da planta fiquem pálidas ou amarelas.
- ✓ O caule da planta torna-se estreito e alto para alcançar uma fonte de luz suficiente.
- ✓ Aumentar a distância entre as folhas no caule.
- ✓ As folhas caem, especialmente as mais velhas.
- ✓ As plantas com flor não podem formar um botão floral primário.

Temperatura: As mudanças de temperatura afectam muitos processos das plantas, incluindo a fotossíntese, a transpiração, a respiração, a produção de sementes e a floração. À medida que a temperatura aumenta até ao ponto de tolerância da planta, a fotossíntese, a transpiração e a respiração aumentam.

O efeito do stress térmico no crescimento das plantas: o stress térmico afecta as plantas ao criar ar muito quente, frio e muito frio. Para manter a sobrevivência nestas condições, são efectuadas alterações na estrutura e nos processos da planta:

✓ Regulação da composição lipídica das membranas.

✓ Síntese de factores de transcrição relacionados com reacções de stress e metabolitos.

✓ Ativação das vias de desintoxicação.

✓ Síntese de moléculas protectoras, como a glicina-betaína, para proteger as proteínas e o sistema fotossintético

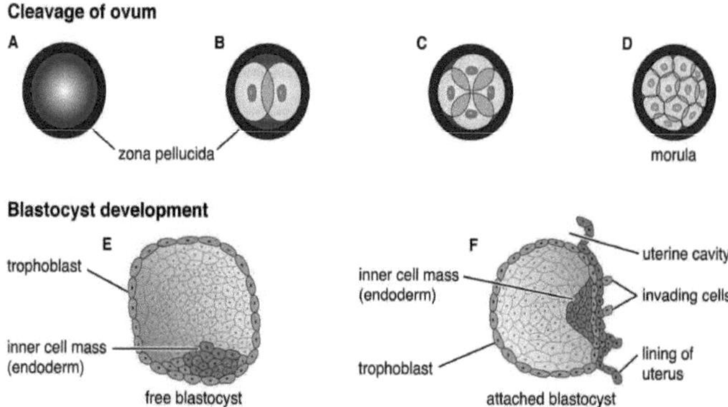

Figura 15. Caraterísticas do embrião, do ser humano e do animal

A água: Cerca de 80 a 95% de uma planta é constituída por água. Este elemento desempenha um papel importante na fotossíntese da planta, na regulação da temperatura da planta e na transferência de substâncias minerais e orgânicas na planta. Por esta razão, as tensões hídricas têm efeitos diferentes nas funções das plantas e, se essas tensões forem de longa duração, o crescimento e a reprodução das plantas serão grandemente reduzidos. As tensões hídricas afectam a resposta dos estomas, os radicais livres, as alterações metabólicas e a fotossíntese, e estes processos criam, de forma coordenada, uma resposta que permite à planta tolerar a tensão.

Oxigénio: Ao contrário dos animais, as plantas retiram CO_2 do ambiente e, consequentemente, introduzem O_2 no ambiente, mas também precisam de O_2 para crescer. As plantas, tal como outros organismos vivos, têm respiração celular e esta respiração depende do consumo de oxigénio. A respiração celular fornece a energia necessária para o metabolismo celular através do consumo de oxigénio. Nas plantas, quando a fotossíntese é baixa, fornece a energia necessária para a atividade celular.

Alimentos: As plantas, tal como os outros seres vivos, necessitam de alimentos para o seu crescimento e desenvolvimento. A falta de nutrientes provoca doenças nas plantas ou pára o seu crescimento. Os alimentos consumidos por estes organismos dividem-se em duas categorias: "macronutrientes" e "micronutrientes".

Nutrientes essenciais: azoto, potássio, cálcio, magnésio, enxofre e fósforo.

Regulador do crescimento das plantas

A resposta das plantas aos estímulos ambientais depende de mensageiros químicos internos. Os reguladores ou hormonas vegetais são substâncias químicas que afectam o crescimento e a diferenciação das células, tecidos e órgãos das plantas. Estes reguladores de crescimento, tal como as hormonas animais, são moléculas de transferência de mensagens intercelulares e estimulam ou inibem o crescimento.

A) Estimulantes: As hormonas estimulantes do crescimento regulam a divisão celular, o alongamento celular, a floração, a frutificação e a formação de sementes. Estas hormonas incluem os seguintes compostos

❖ Auxinas:

❖ Citocininas:

❖ Giberelinas:

❖ Brassinosteróides:

Inibidores: As hormonas inibidoras do crescimento inibem o crescimento e estimulam a dormência e a queda das folhas. Estes reguladores dividem-se em duas categorias.

❖ Ácido abscísico:

❖ Etileno:

Hormonas de defesa: Estas hormonas desempenham um papel no crescimento da planta, defendendo-a contra os agentes patogénicos.

❖ Ácido salicílico (SA):

❖ Jasmonatos:

❖ Oligossacáridos:

Estimulantes do crescimento das plantas

Ao contrário das células animais, todas as células vegetais podem produzir hormonas. Estes reguladores alteram a função da célula que os produz, ou são transferidos para outras partes. Os estimulantes do crescimento das plantas são um grupo de hormonas vegetais que analisaremos a seguir.

Auxina: A auxina é um ácido orgânico fraco e molecular que é produzido na parte superior do caule e da raiz (meristema apical) e a sua estrutura principal é constituída pelo ácido indole-3-acético (IAA). Esta hormona desempenha um papel na promoção de muitos processos vegetais, incluindo os seguintes.

✓ Enraizamento.

✓ Diferenciação dos vasos.

✓ Resposta às condições ambientais.

✓ Chirgi Rasi

Citocinina: A citocinina, tal como a auxina, estimula a divisão celular e induz a formação de gemas em tecidos vegetais no meio de cultura. Estas moléculas têm uma estrutura baseada na base adenina e participam em muitos processos biológicos das plantas, incluindo os seguintes:

✓ Regulação da germinação.

✓ Estabilização do meristema da raiz e do caule.

✓ Desenvolvimento vascular.

✓ Regulação do alongamento das raízes, do número de raízes laterais e da formação de nós radiculares.

✓ Regulação da dominância apical em resposta a factores ambientais.

Qual é o papel da auxina e da citocinina no crescimento das raízes?

A relação entre a auxina e a citocinina numa planta determina o grau de dominância apical. A auxina é transferida para as partes inferiores da planta e raízes com consumo de energia e inibe o crescimento de gemas laterais. A citocinina é transportada contra a direção da toxina e induz o crescimento de gemas laterais.

O que é Chirgi Rasi?

O crescimento de gemas apicais em plantas orgânicas inibe o crescimento de gemas laterais. Este fenómeno é designado por dominância do vértice.

Giberelina

As giberelinas são um grupo de hormonas vegetais com cerca de 125 membros que estimulam o alongamento dos rebentos, a formação de sementes e o amadurecimento dos frutos. O principal papel das giberelinas nas plantas é contribuir para o crescimento longitudinal do caule e para a floração. Estas hormonas participam no movimento do endosperma nas fases iniciais do desenvolvimento do embrião e na formação da semente. As giberelinas são sintetizadas em três órgãos das plantas:

- ❖ Meristema apical da raiz e do caule.
- ❖ Folhas jovens.
- ❖ Semente recém-formada.

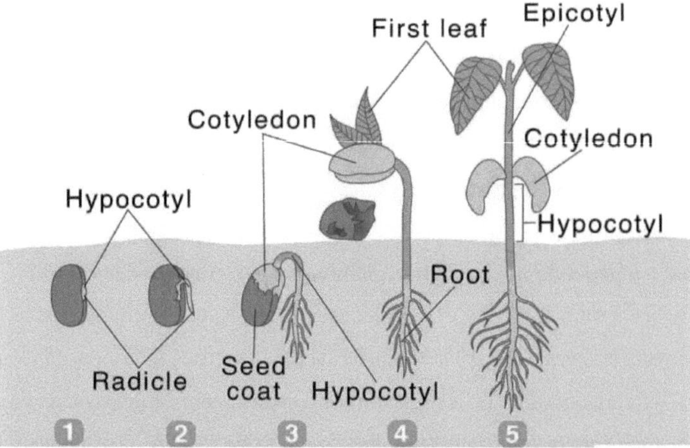

Figura 16. Giberelinas: Hormona vegetal, crescimento e funções

A função da giberelina na planta é a seguinte

- ✓ Desperta a planta da sua dormência.
- ✓ Provoca frutos sem sementes.
- ✓ Atrasa a senescência das folhas e dos frutos.
- ✓ Desempenha um papel importante na determinação do sexo da planta.

Brassinosteróides

Os brassinosteróides estão envolvidos em muitos processos de crescimento e desenvolvimento das plantas. A atividade coordenada destes reguladores com a auxina e a giberelina multiplica os seus efeitos fisiológicos. Estas moléculas desempenham um papel na regulação dos seguintes processos:

- ✓ Chirgi Rasi
- ✓ Germinação de sementes.
- ✓ Reação à gravidade da Terra.
- ✓ Resistência ao stress térmico.
- ✓ Selo de crescimento das raízes e queda dos frutos.

Hormonas de defesa

As hormonas vegetais são um grupo de moléculas químicas que desempenham um papel na regulação do seu crescimento, defendendo a planta contra factores que ameaçam a sua sobrevivência.

1- Ácido salicílico: O ácido salicílico é uma das hormonas vegetais que regula o crescimento e o desenvolvimento das plantas sob stress biológico, incluindo o ataque bacteriano. A produção de SA aumenta nas plantas infectadas, e este regulador, ao ligar-se ao seu recetor no citoplasma da planta, inicia uma série de reacções que resultam na transcrição de genes de defesa.

2- Jasmonatos: Estas hormonas desempenham um papel importante na defesa das plantas contra os herbívoros, participando na produção de compostos fugitivos que atraem os predadores.

3- Oligossacarinas: Estas moléculas desempenham um papel nas reacções de defesa contra bactérias e fungos e actuam no local do dano, ou são transferidas para outras partes da planta.

Inibidores do crescimento das plantas

Ao contrário dos animais, as plantas não podem mudar a sua localização em caso de stress ambiental. Nestes organismos, as hormonas ajudam a moderar as tensões e a manter a sobrevivência. Os inibidores de crescimento são moléculas químicas das plantas que são activadas em condições de stress. A seguir, examinaremos estas hormonas.

Ácido abscísico: O ácido abscísico (ABA) tem uma estrutura terpenóide (anel de cinco carbonos) e regula a germinação das sementes através da regulação do armazenamento de proteínas e do stress hídrico. O ácido abscísico é produzido pelas folhas e raízes maduras e transportado para outras partes através do tecido vascular.

O papel do ácido abscísico no crescimento das plantas: O ácido abscísico desempenha um papel nas plantas, regulando os seguintes processos.

Maturação das sementes e inibição da germinação: A hormona do ácido abscísico desempenha um papel na germinação das sementes, interrompendo a germinação e aumentando a síntese proteica. A dormência da semente faz com que a semente não germine antes da maturidade ou durante períodos de calor e frio inadequados.

Dormência de gemas: O ABA facilita a transformação dos gomos apicais em gomos dormentes. Nesta situação, as folhas recém-formadas no topo do botão apical transformam-se em escamas rígidas que envolvem o meristema e evitam danos mecânicos e a sua morte no inverno.

Resposta ao stress hídrico: Esta hormona controla o stress hídrico de duas formas.

✓ **Fecho dos estomas:** a falta de água no solo aumenta a produção de ácido abscísico na planta. Um aumento do ABA provoca o fecho dos estomas.

✓ **Expressão génica:** O ABA aumenta a expressão de proteínas protectoras das células em caso de défice hídrico.

✓ **Interação com outras hormonas:** O ABA inibe a divisão e o crescimento celular, e a sua função é oposta à da auxina e da giberelina.

Qual é o papel do ácido abscísico na dominância apical?

Na dominância apical, o ácido abscísico actua em paralelo com a auxina. Esta hormona vai da raiz para os caules contra a direção do movimento da auxina e inibe o crescimento dos botões laterais. Como resultado, a ramificação pára e a dominância apical é estabilizada.

Etileno: O etileno é um hidrocarboneto gasoso de que a planta não necessita para crescer em condições normais. O papel mais importante do etileno no crescimento das plantas é a regulação da abscisão e do envelhecimento (amadurecimento dos frutos, murchamento das flores, queda das folhas e dos frutos).

Amadurecimento do fruto: Quando o fruto amadurece, liberta gás etileno no ambiente e este gás induz a conversão de amido e ácidos em açúcar. Por esta razão, os jardineiros mantêm os frutos verdes em recipientes fechados ao lado dos frutos maduros. Porque o gás etileno libertado pelo primeiro fruto maduro aumenta a velocidade de amadurecimento dos outros.

Queda das folhas: Ao reduzir a auxina, o etileno aumenta o envelhecimento e, eventualmente, a morte programada das células vegetais na junção entre a folha e o caule. No pecíolo ou no ramo do fruto forma-se uma camada especial chamada Zona de Abscisão. Antes da queda da folha, os nutrientes são armazenados no caule e, portanto, não são perdidos. Ao destruir a zona de queda da folha, esta cai no chão sem danificar outras partes, e a Subrina cobre o seu lugar vazio.

Mecanismo de ação do etileno na regulação do crescimento das plantas

O etileno pode inibir ou induzir a divisão celular ligando-se aos seus receptores na membrana do retículo endoplasmático. A ligação desta hormona ao recetor cria uma cascata de reacções intracelulares que regulam o crescimento da planta através da transcrição e tradução de genes.

Aplicação do etileno na agricultura

Os agricultores utilizam o etileno comercial para acelerar a maturação das culturas e torná-las uniformes. Para evitar a queda de folhas nas plantas ornamentais, os jardineiros removem o etileno na estufa através de ventiladores e aparelhos de ar condicionado. A libertação de gás etileno provoca o amadurecimento dos frutos.

Qual é o papel do etileno e da giberelina nas plantas monocotiledóneas?

Nas plantas monocotiledóneas, o etileno induz a formação de flores femininas e a giberelina induz a formação de flores masculinas.

Classificação das plantas de acordo com a sua necessidade de luz

Os termos dia e noite têm o inconveniente de serem maioritariamente utilizados para as condições naturais. Por isso, preferem, sem os abandonar completamente, utilizar estes termos: fase clara ou homofase para o período de luz e fase escura ou fase nocturna para o período de escuridão. A sua sequência constitui o fotoperíodo, que representa um período de luz e de escuridão durante um nyctemere (período de 24 horas). Neste caso, as plantas podem ser divididas em quatro categorias:

1- Espécies afóticas: plantas que florescem no escuro. Este termo é aplicado às plantas que formam as suas flores primitivas mesmo na escuridão contínua.

2- Espécies indiferentes: as flores formam-se nestas plantas independentemente da fase de luz. Desde que a duração do dia seja suficiente para efetuar uma fotossíntese suficiente para preparar os materiais orgânicos necessários. Este tamanho mínimo, que está apenas relacionado com as necessidades fotossintéticas e é designado por alimento mínimo, é geralmente baixo e de 4-5 horas.

3- Plantas de dias curtos ou nocti-periódicas: estas plantas florescem se a fase luminosa for inferior a um determinado tamanho, que se designa por fase luminosa crítica. Especifica-se que a fase escura deve ser contínua e a luz nocturna, embora curta, é suficiente para impedir a formação de flores. A Xanthium é uma planta que foi muito estudada em termos de fotoperíodo e é chamada de planta de dia curto. Porque floresce quando a fase de luz é inferior ao valor crítico igual a 15 horas, ou seja, floresce devido a fases de luz de 14,5 horas. Embora este período ultrapasse a metade do ciclo de 24 horas. Portanto, a fase clara é mais longa que a fase escura. Para além das espécies mencionadas, podemos referir a variedade Maryland de tabaco, o cártamo, o narciso, a batata em conserva e a soja.

4- Plantas de dias longos ou hemroperiódicas: Neste caso, existe um valor crítico, e desta vez a fase de luz adequada é superior a este valor. Este valor é de 13-14 horas para o espinafre e de 10-11 horas para o girassol. O conceito de um dia longo não está relacionado com a duração absoluta do dia, mas com o seu valor relativo a um limite superior específico. De facto, as necessidades fotoperiódicas de uma planta de dia longo têm dois objectivos, ou seja, observam-se dois estados de fases mínimas de luz: um relacionado com o alimento mínimo e outro relacionado com a fase crítica de luz, que é mais longa, e ambos devem ser mantidos. Porque as necessidades energéticas destes dois não são iguais. Para a alimentação mínima, são suficientes cerca de várias centenas de lux de luz e para a fase de luz crítica, cerca de várias dezenas de lux de luz.

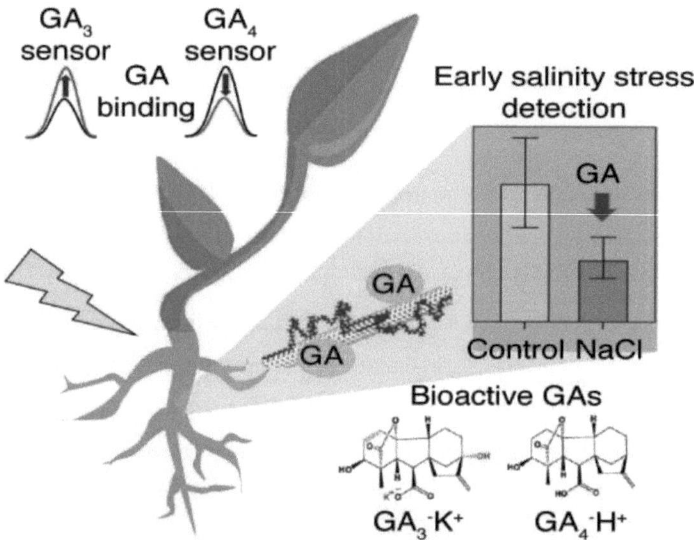

Figura 17. Sensores de nanotubos detectam e distinguem a giberelina da planta

A importância do fotoperiodismo

O fotoperiodismo intervém da forma mais completa para terminar o padrão floral iniciado com a vernalização. Em muitas plantas das regiões temperadas, a aquisição da capacidade de formar flores só é possível através de uma transformação que é geralmente conseguida pelo frio invernal e que se chama primavera.

Após a primavera, não se observam alterações óbvias no meristema vegetativo que adquiriu a capacidade de formar flores. Após a reação fotoperiódica, formam-se os planos florais primários. Após o fim do planeamento, basta fornecer condições adequadas para o seu crescimento, especialmente que não haja dormência, para que a planta floresça.

A diversidade das reacções das plantas ao fotoperíodo, às quais muitas delas são insensíveis, faz com que o fotoperiodismo não possa ser considerado como uma caraterística adaptativa necessária às plantas das regiões temperadas, onde a desigualdade dos dias e das noites está sujeita ao ritmo anual, mas sim como um fator. É considerado o principal fator do calendário herbáceo. De um ponto de vista prático, o fotoperiodismo é utilizado para acelerar ou retardar a formação das flores.

Mecanismo do fotoperiodismo

Se reduzirmos o período de escuridão em plantas de dia curto, o efeito da luz vermelha, que tem um comprimento de onda de cerca de 660 mil microns, é completamente positivo, mas se em vez da luz vermelha, a luz infravermelha, que tem um comprimento de onda de cerca de 730 mil microns, quando brilha, o efeito da luz vermelha é completamente neutralizado, e será como se a planta nunca tivesse sido exposta à luz vermelha.

Se a luz infravermelha for irradiada para a planta várias vezes seguidas, a planta reagirá à última radiação. Esta experiência levou à identificação de dois tipos de pigmentos chamados fotocrómicos, que absorvem a luz vermelha e a luz infravermelha sob a forma de proteínas puras nas plantas.

Propuseram a abreviatura pr para fotocrómico absorvente de luz vermelha e pfr para fotocrómico absorvente de luz vermelha distante. A irradiação de luz vermelha converte pr em pfr, e a irradiação de luz vermelha distante converte pfr em pr. O fotocrómico está ativo sob a forma de PFR e as reacções sob a influência da luz vermelha estão relacionadas com ele, o que é, na realidade, a aceleração do fenómeno de floração com as reacções provocadas pelo PFR, mas no caso do período de escuridão, que acelera a floração nas plantas de dias curtos e a interrompe nas plantas de dias longos. Deve dizer-se que o retorno do pfr ao pr determina efetivamente a duração do período crítico de escuridão.

Recursos

Aliero, B. L. (2004). Efeito do ácido sulfúrico, da escarificação mecânica e do tratamento térmico húmido na germinação de sementes de Parkia biolobosa, African Journal of Biotechnology, 3: 179-181.

Alizadeh, M. A. e Isvand, H. R. (1383). A percentagem e a taxa de germinação de sementes em duas plantas medicinais (Anthemis altissima L. Eruca sativa L.) sob condições de frio e armazenamento a seco, Iranian Journal of Medical and Aromatic Plants, 20: 3:301-307.

Amelunxen, F. e Heinze, U. (1984) On the development of the vacuole in the testa cells of Linum seeds. Jornal Europeu de Biologia Celular 35: 343-354.

Aydin, I. e Uzun, F. (2001). The effects of some applications on germination rate of Gelemen Clover seeds gathered from natural vegetation in Samsun, Pakistan Journal of Biological Sciences, 4: 181-183.

Batak, I. Devic, M. Giba, Z. Grubisic, D. Poff, K. L. e Konjevic, R. (2002). Os efeitos do nitrato de potássio e dos dadores de NO na germinação induzida específica do fitocromo A e do fitocromo B das sementes de Arabidopsis thaliana. Seed Science Research, 12: 235-259.

Bethke, P.C., Libourel, I.G.L., Jones, R.L. (2006). O óxido nítrico reduz a dormência das sementes em Arabidopsis. Journal of Experimental Botany, 57(3):517-526.

Booth, D. T. e Sowa, S. (2001). Respiration in dormant and non-dormant bitterbrush seeds, Journal of Arid Environment, 48: 35-39.

Cetinbas, M. e Koyuncn. F. (2006). Melhoria da germinação de sementes de Prunus avium L. com ácido giberélico, nitrato de potássio e tioureia. Horticultural Sciences, 33(3): 119-123.

Cetinbas, M. e Koyuncn. F. (2006). Melhoria da germinação de sementes de Prunus avium L. com ácido giberélico, nitrato de potássio e tioureia.

Horticultural Sciences, 33(3): 119-123.

Chandrasekhar T, Mohammad Hussain T, Rama Gopal G, Srinivasa Rao JV. Embriogénese somática de Tylophora indica (Burm.f.) Merril, uma importante planta medicinal. Int. J. Appl. Sci. Eng. 2006; 4(1): 33-40.

Çirak, C. Kevseroglu, K. Ayan, A. K. (2007). Quebra da dormência das sementes numa espécie de Hypericum endémica da Turquia: Hypericum aviculariifolium subsp. depilatum var. depilatum por luz e alguns tratamentos de pré-embebição. Journal of Arid Environment, 68: 159-164.

Dong J.Z, Dunstan N. Molecular biology of somatic embryogenesis in conifers (Biologia molecular da embriogénese somática em coníferas). In: Jan SM, Minocha SC, (eds). Molecular biology of woody plants. Dordecht: Klawer Acadenic Publishers; 2002; 51-87.

Driss-Ecole, D., Lefranc, A. e Perbal, G. (2003) A polarized cell: the root statocyte. Physiologia Plantarum 118: 305-312.

Friedrich, U. e Sievers, A. (1985) Ontogenia da polaridade celular em estatócitos radiculares de Lepidium sativum L. no desenvolvimento embrionário e durante a germinação. European Journal of Cell Biology 36: 18-24.

Garcia-Gusano, M. Martinez-Gomez, P. e Dicenta, F. (2004). Quebra de dormência de sementes de amêndoa (Prunus dulcis). Scientia Horticulturae, 99: 363-370.

Ghasemi Arian A, Izadi J, Saeid Afkhamoshoara MR, Ejlali R. [Melhoria da germinação em sementes de goma amoniacal (Dorema ammoniacum)]. Journal of Range and Desert Reseach. 2009; 15: 455-463.

Gupa, V. (2003). Técnicas de germinação de sementes e quebra de dormência para plantas medicinais e aromáticas indígenas. Journal of Medicinal and Aromatic Plant Science, 25: 402-407.

Hassani B, Saboora A, Radjabia T, Fallah Husseini H. Embriogénese somática de Ferula assa-foetida. JUST. 2008; 33(4): 15-23.

Hayatsu, M., Ono, M., Hamamoto, C. e Suzuki, S. (2012) Estudos citoquímicos e de microanálise de raios X por sonda eletrónica sobre a alteração da distribuição do cálcio intracelular em células da columela de raízes de soja sob microgravidade simulada. Journal of Electron Microscopy 61: 57-69.

Iijima, M., Higuchi, T. e Barlow, P. W. (2004) Contribuição da mucilagem da capa radicular e da presença de uma capa radicular intacta no milho (Zea mays) para a redução da impedância mecânica do solo. Annals of Botany 94: 473-477.

Iijima, M., Morita, S. e Barlow, P. W. (2008) Structure and function of the root cap. Plant Production Science 11: 17-27.

Imani J, Thi LT, Langen G, Arnholdt-Schmitt B, et al. Embriogénese somática e organização do ADN de genomas de espécies selecionadas de Daucus. Plant Cell Rep. 2001; 20: 537-541.

Irvani N, Solouki M, Omidi M, Zare AR, et al. Indução de calos e regeneração de plantas em Dorem ammoniacum, uma planta medicinal em vias de extinção. Plant Cell Tissue Organ Culture. 2010; 100: 293-299.

Karkonen A. Plant tissue culture as models for tree: somatic embryogenesis of Tilia cordata and lignin biosynthesis in Picea abiessuspension cultures as case studies, division ofplant physiology univer sity of Helsinki. 2001; 75: 22-23.

Khosravi S, Azghandi AV, Hadad R, Mojtahedi, N. In vitro micrpropagation of Liliumlongiflorum. Jornal de Investigação Agrícola: Seed and Plant. 2007. 23: 159- 168.

Leaman DJ. Medicinal plant conservation. newsletter of the medicinal plant specialist group of the IUCN species survival commission. Silphion.

2006.

Lehmann, E. (1909). Zur Keimungphysiologie und-biologie von Ranunculus sclereatus L. und einigen anderen Samen. Berichte der Deutschen Botanischen Gesellschaft, 27: 476-494.

Leitz, G., Kang, B. H., Schoenwaelder, M. E. e Staehelin, L. A. (2009) Cinética de sedimentação de estatólitos e transdução de força para o retículo endoplasmático cortical em células de columela de Arabidopsis sensíveis à gravidade. Plant Cell. 21: 843-860.

Mackay, W.A., Davis, T.D., Sankhla, D. (2001). Influência da escarificação e da temperatura na germinação de sementes de Lupinus arboreus. Seed Sci. Technol., 29: 543-548.

Mandujano, M.C. Montana, C. Rojas-Arechiga, M. (2005). Quebra de dormência de sementes em Opuntia rastrera do deserto de Chihuahuan. Journal of Arid Environment, 62: 15-21.

Mohammad, S. e Amusa, N. A. (2003). Efeito do ácido sulfúrico e da água quente na germinação de sementes de Tamarindus indica. Jornal Africano de Biotecnologia, 2:270-274.

Nadjafi, F. Bannayan, M. Tabrizi, L. Rastoo, M. (2006). Técnicas de germinação de sementes e quebra de dormência para Ferula gummosa e Teucrium polium. Journal of Arid Environment, 64: 542-547.

Nakamura, M., Toyota, M., Tasaka, M. e Morita, M. T. (2011) Uma ligase E3 de Arabidopsis, SHOOT GRAVITROPISM9, modula a interação entre estatolitos e F-actina na deteção da gravidade. Célula vegetal 23: 1830-1848.

Onay A. Histology of Somatic Embryogenesis in Cultured Leaf Explants of Pistachio (Pistacia vera L). Turk J Bot. 2000; 24: 91-95.

Palmieri, M. e Kiss, J. Z. (2005) A perturbação do citoesqueleto de F-actina limita o movimento dos estatolitos nos hipocótilos de Arabidopsis. Journal of Experimental Botany 56: 2539-2550.

Pasternak TP, Prinsen E, Ayaydin F, Miskolczi P, et al. The Role of Auxin, pH, and Stress in the Activation of Embryogenic Cell Division in Leaf Protoplast-Derived Cells of Alfalfa. Plant Physiol. 2002; 129: 1-13.

Pimpl, P., Movafeghi, A., Caughlan, S., Denecke, J., Hillmer, S. e Robinson, D. G. (2000) In situ localization and in vitro induction of plant COPI-coated vesicles. Plant Cell 12: 2219-2236.

Pola SR, Sarada MN. Embriogénese somática e regeneração de plântulas em Sorghum bicolor (L.) Moench, a partir de segmentos foliares. J. Cell Mol. Biol. 2006; 5: 99-107.

Rana, U. e Nuatiyal, A.R. (1989). Coat imposed dormancy in Acacia farnesiana seeds, Seed Research, 17:122-127.

Rost, T. L. (2011) A organização das raízes das plantas dicotiledóneas e as posições dos pontos de controlo. Anais de Botânica 107: 1213-1222.

Shariati, M. Tahmaseb, A. Modares hashemi, M. (1381). Os efeitos de diferentes tratamentos para quebrar a dormência das sementes em Achillea millefolium. Iranian Journal of Rangelands Forests Plant Breeding and Genetic Research, Vol. 13, pp: 2-8.

Sievers, A., Braun, M. e Monshausen, G. B. (2002) The root cap: structure and function. In: Plant roots: the hidden half (eds. Waisel, Y., Eshel, A., and Kafkafi U.) 51-75. Marcel Dekker Inc, Nova Iorque.

Simola L. Hrry Waris, apineer in somatic embryogenesis, In: Tain SM, Gupta PK, Newton KJ. somatic embryogenesis in woody plants. 2000; 73: 61-6.

Stanga, J., Strohm, A. e Masson, P. H. (2011) Estudo do teor de amido e da sedimentação de estatólitos de amiloplastos em raízes de Arabidopsis. Methods in Molecular Biology 774: 103-111.

Tarre E, Magioli C, Margis-Pinheiro M, Martins G. Embriogênese somática in vitro e iniciação de raízes adventícias têm uma origem comum em (Solanum melongena L.). Revista Brasil. Bot. 2004; 27: 79-84.

Tawfik Azza A, Noga G. Cumin regeneration from seedling derived embryogenic callus in response to amended kinetin. Plant Cell Tiss. Org. Cult. 2002; 69: 3540.

Tigabu, A. e Oden, P.C. (2001). Efeito da escarificação, do ácido giberélico e da temperatura na germinação de sementes de duas espécies polivalentes de Albizia da Etiópia. Seed Sci. Technol., 29: 11-20.

Toole, E.H. Toole, V. K. Bortwick, H.A. e Hendricks, S. Bu. (1955). Fotocontrolo da germinação de sementes de Lepidium. Plant Physiology, 30: 15-21.

Yeung E. Procedimentos de coloração histológica e histoquímica. In: Vasil IK. (eds). Cell culture and somatic cell genetics of plants. Orlando Florida: Imprensa académica. 1984; 689-697.

Yoder, T. L., Zheng, H. Q., Todd, P. e Staehelin, L. A. (2001) Amyloplast sedimentation dynamics in maize columella cells support a new model for the gravity-sensing apparatus of roots. Plant Physiology 125: 1045-1060.

Zimmerman JL. Embriogénese somática: Um modelo para o desenvolvimento inicial em plantas superiores. Plant Cell. 2003; 5:1411-1423.

Zouhar, J. e Rojo, E. (2009) Plant vacuoles: where did they come from and where are they heading? Current Opinion in Plant Biology 12: 677-684.